W0330361

BIENEN PARADIESE für Garten & Balkon

Inhalt

ERKLÄRUNG DER SYMBOLE

Bienenfreundlichkeit	Pollengehalt	Nektargehalt
	gering	gering
mittel	mittel	mittel
hoch	hoch	hoch
sehr hoch	sehr hoch	sehr hoch

Machen Sie Ihren Garten zum Bienen-Hotspot!

Bienen brauchen unsere Hilfe – und wir die Hilfe der Bienen! Die emsigen Insekten bestäuben unsere Pflanzen und sichern so die Vielfalt unserer Nahrung und ein stabiles Ökosystem – doch ihre natürlichen Lebensräume schrumpfen immer mehr.

Erfahren Sie in diesem Buch, wie Sie im eigenen Garten und auf dem Balkon blütenreiche Bienenparadiese schaffen, die Ihren nützlichen Fluggästen das ganze Jahr lang üppig Nahrung und Behausung bieten. Der reich bebilderte Ratgeber gibt Ihnen zahlreiche Tipps für eine bienenfreundliche Gartengestaltung, zeigt, worauf Sie beim Bau von Nisthilfen achten müssen, porträtiert die wichtigsten Bienen- und Hummelarten und stellt die 50 besten Bienenpflanzen vor, die jeden Garten rund ums Jahr zum Bienen-Hotspot machen.

Freuen Sie sich auf zahlreiche summende und brummende Mitbewohner in Ihrem bienenfreundlichen Garten!

So summt und brummt der Garten

Tipps für einen bienenfreundlichen Garten

Ob Honigbiene, Hummel oder Wildbiene: Sie alle sind gern Gast im blütenreichen Bienengarten.

Blumen und Grün für Bienen

Bienen gehören zu den wichtigsten Bestäubern für unsere Pflanzen. Unsere Landschaften sind mittlerweile jedoch so einseitig bewachsen, dass wir ihnen neue Lebensräume bieten müssen. Gärten, Balkone und Terrassen, gern auch mitten in der Großstadt, sind die neuen Rückzugsorte für diese mittlerweile bedrohten Insekten. Ein bienenfreundlicher Garten ist nicht nur einfach zu gestalten, sondern darüber hinaus auch sehr dekorativ und erfreut damit auch unser Auge.

Einfach ist gut

Alle einfach blühenden Pflanzen bieten Pollen und Nektar als Nahrung für Bienen. Anders sieht es bei den gefüllt blühenden Pflanzen aus, bei denen die Füllung der Blüte zumeist durch die Umwandlung von Staubgefäßen entstanden ist: Hier ist für Bienen kaum noch etwas zu holen. Das heißt aber nicht, dass Sie auf gefüllte Blüten ganz verzichten müssen: Legen Sie sich am besten Mischungen aus gefüllt und ungefüllt blühenden Gewächsen zu, wobei der Anteil der einfach blühenden Pflanzen mindestens 60 bis 70 Prozent betragen sollte – so kommen sowohl unsere Augen als auch unsere Bienengäste voll auf ihre Kosten.

Blütezeiten strecken

Von April bis Mai finden Bienen in der Natur oft noch genug Nahrung. Viele Insekten sind aber in unseren immer wärmeren Frühjahren bereits ab März unterwegs – und gerade dann brauchen sie nach der Winterpause Nahrung in Form von Pollen und Nektar. Früh blühende

Tipp: *Bei Stauden und vielen Küchenkräutern lässt sich die Blütezeit mit einem einfachen Trick verlängern: Nach dem Austrieb im April oder Mai von einem Teil der Pflanzen das obere weiche Drittel der Triebe abschneiden. Jetzt müssen sich die Pflanzen neu aufbauen – das dauert ein paar Wochen und sorgt dafür, dass die eigentliche Blütezeit verlängert wird.*

Polsterstauden und die ersten Zwiebelblumen sind jetzt das passende Angebot für den Start in die grüne Saison.

Nach der Obstbaumblüte ab Juni werden unsere Landschaften immer grüner. Für Bienen ist dort dann nichts mehr zu holen: Sie brauchen nun unsere Gärten als Nahrungsquelle. Stauden und Rosen bieten den Bienen im Frühsommer jetzt viel. Moderne Rosen-

Besonders bienenfreundlich sind Wildrosen und moderne Strauch- oder Kletterrosen, die mehrfach blühen und in den offenen Blüten viele Pollen bilden.

sorten blühen oft ein zweites Mal im Herbst, auch dann sind sie bei den Bienen gefragt. Und auch Stauden, die bis weit in den Herbst hinein blühen, sind nun ebenso nützlich wie Gehölze, die lange durchhalten.

Viele Gartenpflanzen gibt es in unterschiedlichen Sorten mit verschieden langen Blütezeiten. Studieren Sie deshalb bereits beim Einkauf aufmerksam die Etiketten und befragen Sie Gärtner, und wählen Sie dann bevorzugt Sorten mit möglichst langen Blütezeiten. Bereits mit dieser einfachen Maßnahme unterstützen Sie Bienen wirkungsvoll und ohne großen Aufwand.

Trockene Verstecke gesucht

Das Aussterben der Bienen in unserer Landschaft hängt nicht nur mit dem Mangel an Nahrung zusammen: Es fehlt zwischen Äckern und Grünland oft auch an Verstecken. Klassische Hecken, die frei vor sich hin wachsen, sind für viele Tiere und Pflanzen wichtige Lebensräume – auch Bienen kommen dort auf ihre Kosten. Abgestorbene trockene Zweige bieten

Unterschlupf oder sind wichtiges Baumaterial für Nester und Bruthöhlen. Unter trockenem Laub können sich auch kleine Tiere gut verstecken, und die alten Grashalme aus dem Vorjahr dienen der einen oder anderen Wildbiene als Nistplatz.

Den Steingarten schätzen viele Bienen und Hummeln wegen der Wärme, die die Steine speichern.

Trockene Verstecke lassen sich im Garten einfach schaffen: Nicht jeder Ast und jedes Blatt müssen auf dem Komposthaufen landen. An einer geschützten Ecke gelagert – das kann zum Beispiel der Dachüberstand am Gartenhaus sein –, sind Äste und Laub eine Einladung für viele Bienen, hier zu verweilen.

Lebensraum Steingarten

Ein Steingarten mit seiner Pflanzenwelt, die gut mit Trockenperioden und Kargheit zurechtkommt, ist ein wichtiger Lebensraum für Bienen und Hummeln: Denn die Steine speichern die Wärme, sodass sich die Tiere dort besonders wohlfühlen. Zudem bieten viele Lücken und Nischen Platz zum Verstecken. Nicht zuletzt finden viele Insekten zwischen den Steinen die passenden Bedingungen für den Bau einer Legeröhre, eines Nestes oder einer Bruthöhle. Der sonnigste und wärmste Platz im Garten ist also der optimale Ort für die Anlage eines solchen Steingartens.

***Tipp:** Wenn Sie keinen großen Garten haben, müssen Sie nicht gleich einen ganzen Steingarten anlegen, um etwas Gutes für Bienengäste zu tun. Ein paar Steine oder Mauerreste, an einem sonnigen Platz locker auf einem Bett aus feinem Sand verteilt, werden von den nützlichen Insekten ebenfalls gut angenommen.*

Flaches Wasser

Bienen und Hummeln brauchen Wasserstellen im Garten. Teiche oder Regentonnen sind für sie aber viel zu tief und gefährlich. Wer einen Naturteich im Garten hat, kann mit einer Schüttung aus feinem Kies eine flache Uferzone schaffen. In kleinen Gärten oder auf Balkonen und Terrassen bietet sich eine flache Schale mit Wasser als Trinkstelle an. Ein paar Steine in der Schale bieten gute Landemöglichkeiten, gleichzeitig können sie auch Dekoration sein. Damit die Schale nicht von den Larven der Stech-

Eine flache Schale mit Wasser ist für Bienen und Hummeln ein wichtiges Angebot zum gefahrlosen Trinken.

mücken genutzt wird, das Gefäß einmal in der Woche ausleeren und mit neuem Wasser füllen.

Pflanzenschutz nein

Das Sterben von Bienen und Hummeln in unserer Landschaft wird mit Pflanzenschutzmitteln in Verbindung gebracht. Moderne Mittel wirken oft nicht gegen Bienen, außerdem werden sie in der Regel abends, wenn die Insekten nicht mehr aktiv sind, ausgebracht. Doch die Mittel stören den Kreislauf der Natur und wirken sich so auf die Insekten aus. Für alle, die Bienen in ihrem Garten eine Wohlfühloase bieten wollen, ist der Verzicht auf Pflanzenschutzmittel Pflicht. Selbst biologische Mittel sind oft ebenso giftig und schädlich wie die klassischen Präparate. Der Hausgarten dient uns zur Entspannung, er soll Freude bereiten und unsere Augen und Sinne für die Feinheiten der Natur öffnen. Zur Natur gehören aber auch Schädlinge, die in einem bienenfreundlichen Garten vermutlich nie Überhand nehmen werden, weil sich dort viele verschiedene Pflanzen befinden. Ein gewisses Maß an Läusen an den Rosen, an Mehltau auf der Zucchini oder an Rost bei Obst sollte im Hausgarten toleriert werden. Große Schäden richten die Plagegeister kaum an – und auf den einen oder anderen Apfel mehr oder weniger kommt es beim eigenen Anbau nicht an.

Mut zur Unordnung

Nicht nur unsere Landschaften, auch unsere Gärten sind aus Sicht von Bienen und Hummeln leer, viel zu aufgeräumt und zu ordentlich. Wer es schafft, im Garten hier und da mal ein wenig Laub oder ein paar abgestorbene Zweige liegen zu lassen, tut bereits viel für seine Bienengäste. Der alte Tontopf mit dem Riss muss nicht gleich in den Müll, er bleibt in einer Ecke stehen. Schnell sammelt sich in ihm trockenes Laub – fertig ist ein erstklassiges Quartier für Bienen und Hummeln. Die Reste vom Sand, mit dem im Frühjahr die Platten auf dem Weg neu verlegt wurden, bleiben an einem sonnigen Platz liegen – schon ist das nächste Refugium für Bienen geschaffen.

So gestalten Sie Ihren Garten bienenfreundlich

- → *Wählen Sie einfach blühende Pflanzen.*
- → *Sorgen Sie für eine blühende Vielfalt von März bis in den November hinein.*
- → *Schaffen Sie trockene Verstecke in Schilfmatten oder Reisighaufen.*
- → *Bienen freuen sich auch über Steine, Mauerreste oder Sand an einem warmen Platz.*
- → *Verwenden Sie keine Pflanzenschutzmittel.*

Tipp: *Versuchen Sie einmal, Ihren Garten mit den Augen einer Biene oder Hummel zu sehen. Muss wirklich jedes Blättchen auf den Kompost? Dürfen sich im Rasen nicht doch ein paar Wildkräuter wie Gänseblümchen und der eine oder andere Löwenzahn breitmachen? Warum stört der Wegerich in der Einfahrt? Seine Blüten gehören zum festen „Speiseplan" der Bienen.*

Nisthilfen für Wildbienen & Co.

Insektenhotels einfach gebaut

Längst nicht alle Bienen leben in mehr oder weniger großen Staaten wie die Honigbiene oder die Hummel: Rund 95 Prozent der Wildbienenarten gehören zu den solitär – also einzeln – lebenden Tieren. Vor allem diese sogenannten Einsiedlerbienen sind es, die die verschiedenen Nisthilfen in einem speziellen „Insektenhotel" gern annehmen. Zu den eifrigsten Besuchern gehört zum Beispiel die Gehörnte Mauerbiene, die ihre Eier gern in hohlen Halmen versteckt. Damit das Gelege geschützt ist, verschließt die Mutter es mit einem Deckel aus Erde und Speichel. Verschlossene Halme sind belegt – daran können Sie gut erkennen, ob Ihre Nisthilfe angenommen wird.

Viele Wildbienen verschließen die Löcher, nachdem sie ihre Brut abgelegt haben.

Verschiedene Materialien verwenden

Holz, Stroh oder Schilf, trockene Zweige und Backsteine sind die wichtigsten Baustoffe für ein Insektenhotel. Die Materialien müssen vor der Verwendung gut getrocknet werden, keinesfalls dürfen sie feucht sein und später zu schimmeln oder zu faulen beginnen. Je unterschiedlicher die Materialien sind, die Sie verwenden, desto attraktiver ist das Insektenhotel für Wildbienen, weil die vielen verschiedenen Arten ganz unterschiedliche Ansprüche an ihre Behausungen oder Kinderstuben stellen. Ein gutes Insektenhotel bietet immer viele verschiedene Nist- und Versteckmöglichkeiten.

Holz bildet den Rahmen

Beim Bauen schichten Sie die unterschiedlichen Bestandteile möglichst locker aufeinander. Damit die lockere Füllung nicht auseinanderfällt, bilden Bretter den Rahmen und die Rückseite. Wichtig ist, dass Sie mit unbehandeltem Holz arbeiten, Farbe und Lacke riechen aus Sicht der Wildbienen nicht gut, sie würden ein solches Insektenhotel meiden. Den Abschluss bildet das Dach, das deutlich über den Kasten hinausreichen muss, damit die Füllung auch bei einem starken Regenschauer und Windböen trocken bleibt. Dieses Dach sorgt auch dafür, dass das Holz, das den Rahmen und die Rückseite bildet, nicht so schnell fault.

Klein, aber fein

Ein Insektenhotel wird von Wildbienen nicht an seiner Größe gemessen, bereits ein Bündel Stroh oder Schilf, zusammengehalten mit einem Band, das an der Hauswand auf dem Balkon hängt, ist eine vollwertige Behausung. Mehrere kleine Angebote werden oft sogar

Tipp: Tontöpfe für Hummeln

Hummeln lieben Angebote, die auf dem Boden liegen. Ein großer alter Tontopf, beim dem Sie als erstes das Abzugsloch verstopfen und ihn dann mit einer Füllung aus ein wenig Stroh, ein paar Brocken Erde und trocknem Kies versehen, ist für Hummeln das beste Insektenhotel. Den Topf an eine warme und sonnige Stelle legen.

besser angenommen als ein großes Insektenhotel, weil die meisten Wildbienen sich nicht sehr weit von einer guten Nahrungsquelle entfernen. Ein trockenes Stück eines Baumstammes, in das Sie mit der Bohrmaschine Löcher mit unterschiedlichem Durchmesser bohren, ist ebenso willkommen wie das Insektenhotel, das im Garten steht. Der Baumstamm erhält natürlich auch ein Dach aus einem kleinen Brett und eine stabile Aufhängung aus Draht. Dann hängen Sie dieses kleine Insektenhotel in einen Obstbaum.

Der richtige Platz

Viel wichtiger als die Größe des Insektenhotels ist seine Lage. Der Platz muss trocken und wettergeschützt sein. Auf einem Balkon lässt sich so ein Ort leicht finden, er darf nur nicht zu dicht an der Außenseite sein, weil das Insektenhotel sonst bei Regen schnell nass werden kann. Im Garten ist ein windgeschützter und sonniger Platz wichtig, keinesfalls sollte die Einflugöffnung direkt zur Wetterseite zeigen. Selbstverständlich wählen Sie für das Insektenhotel einen Platz am Rand des Gartens aus, an dem die Tiere nicht allzu oft gestört werden.

Platz für ein kleines Insektenhotel ist an allen Stellen, die warm und wettergeschützt sind.

Vom Rasen zur Wiese

Bunte Vielfalt für Bienengäste

Der klassische, kurzgeschnittene Rasen ist aus der Sicht von Bienen und Hummeln nicht interessant. Die regelmäßige Mahd verhindert, dass die Gräser mit der Blüte beginnen, außerdem lässt die dichte Grasnarbe keinen Aufwuchs von Wildkräutern wie zum Beispiel den Gänseblümchen im Frühjahr, dem Löwenzahn im Frühsommer oder dem Weißen Klee im Sommer zu. Alle drei sind für Bienen und Hummeln interessante Nahrungsquellen.

Erster Schritt: seltener Mähen

Rasen und Wiese unterscheiden sich in ihrer Pflanzenvielfalt erheblich. Ein wichtiger Grund dafür ist der sehr unterschiedliche Rhythmus, in dem die Gräser gemäht werden. Eine Wiese mähen Sie zwei Mal im Jahr, die erste Mahd erfolgt Ende Juni, die zweite Ende August. Nach dem Mähen bleiben die Pflanzen für ein paar Tage auf der Fläche liegen, damit die Samenhüllen trocknen und die Saat freigeben. So sähen sich die Wiesenkräuter immer wieder von selbst aus. Beim Rasen mähen Sie im Sommer oft zwei Mal in der Woche. Die Gräser bleiben kurz, sie kommen nicht zur Blüte und die Grasnarbe wird immer dichter. Wildkräuter haben schon wegen dieser Grasnarbe keine Chance, sie brauchen ein wenig mehr Licht und Luft, um zu wachsen. Wenn Sie Ihren Rasen zur Wiese umwandeln wollen, ist der erste Schritt immer eine Verlängerung des Mahdrhythmus. Am besten beginnen Sie in einer Ecke, die Sie nur einmal im Monat mähen. Bereits nach drei Monaten können Sie in dieser Ecke Unterschiede bei den Pflanzen erkennen. Selbstverständlich haben Sie diese Ecke im Frühjahr auch nicht gedüngt.

Sobald auf der Bienenwiese der leuchtend rote Klatsch-Mohn blüht, hat endgültig der Sommer begonnen.

Zweiter Schritt: Düngung einstellen

Der zweite Grund für den Unterschied in der Vielfalt der Pflanzen, die für Bienen und Hummeln attraktiv sind, ist die Düngung. Eine artenreiche Wiese braucht keine Düngung, weil die meisten ihrer blühenden Pflanzen auf magere Böden ohne allzu viele Nährstoffe angewiesen sind. Das gilt auch für die robus-

Je bunter die Wiese ist, desto mehr Insekten können sie als Nahrungsquelle nutzen.

ten Wiesengräser. Den Zierrasen düngen Sie aber im Frühjahr, damit die Gräser schön grün bleiben.

Dritter Schritt: Pflanzen

Dieser Entwicklung vom Rasen zur Wiese können Sie mit dem Pflanzen von Stauden wie zum Beispiel dem Wiesen-Salbei oder der einfach blühenden Margerite auf die Sprünge helfen. Verschiedene Wildstauden können Sie aus gärtnerischer Kultur als fertige Pflanzen oder als Samen kaufen. Das Sammeln von Pflanzen in der freien Landschaft verstößt gegen das Naturschutzgesetz, Samen dürfen Sie allerdings beim Spaziergang in Feld und Wald in kleinen Mengen sammeln.

Zum Pflanzen oder zum Aussähen von Wildstauden heben Sie mit dem Spaten ein großes Stück Rasen-Sode aus dem Boden. Den Boden darunter sorgfältig lockern und mit ein wenig Sand vermischen. Danach für eine vorkultivierte Staude das Pflanzloch ausheben und das Gewächs einsetzen. Zum Besäen streuen Sie die Samen auf die vorbereitete Fläche, bedecken sie mit einer dünnen Sandschicht, drücken sie leicht an und bewässern den Bereich. Bereits in wenigen Tagen zeigen sich dann die ersten grünen Pflänzchen. Die beste Zeit für die Umwandlung des Rasens durch Bepflanzen oder besäen ist im April und Mai, danach folgen die heißen Sommermonate, in denen sich viele Pflanzen schwertun. Die Stellen, an denen Sie gepflanzt oder gesät haben, bei der nächsten Mahd aussparen.

Wiesenpflanzen für Wildbienen & Co.

Klatsch-Mohn
Papaver rhoeas

Pflanzengestalt: Einjähriges Kraut, 40 bis 60 cm hoch, leuchtend rote Blüten von Juni bis August. Typisch sind die feinen Haare an Stängeln und Knospen sowie die schwarze Mitte im Blüteninneren.
Lebensraum: Klatsch-Mohn mag offene sonnige Flächen ohne starken Konkurrenzdruck, deshalb fühlt er sich im Rasen nicht wohl.
Wichtig: Vermehrung durch Aussaat ab März, Samen selbst sammeln, selten im Handel.

Löwenzahn
Taraxacum officinale

Pflanzengestalt: 20 cm hohe Staude mit typischer Blattrosette. Gelbe Blüten ab April, oft im Herbst noch einmal schwächere Blüte.
Lebensraum: Löwenzahn bildet an sonnigen Plätzen schnell kleine Kolonien, Verbreitung durch Wind – Pusteblumen!
Wichtig: Vermehrung wegen Pfahlwurzel nur durch Samen, Aussaat im März, gelegentlich Pflanzen im Angebot, weil Blätter und Blüten essbar sind.

Kornblume
Centaurea cyanus

Pflanzengestalt: Bis zu 90 cm hohe, aufrecht wachsende einjährige Pflanze, Blütezeit von Juni bis Ende September in leuchtendem Blau, Züchtungen auch in Weiß oder Rosa.
Lebensraum: Getreidefelder, heute vermehrt auf sonnigen Böschungen und Brachen, wächst auf allen Böden, liebt Wärme.
Wichtig: Aussaat im März, Samen sind im normalen Sortiment, in jedem Frühjahr neu aussäen.

Wiesen-Margerite

Leucanthemum vulgare

Pflanzengestalt: Aufrecht wachsende, robuste Staude, bis zu 1 m hoch, Blütezeit von Juni bis Anfang Oktober. Blüte weiß, einfach blühend mit gelber Mitte.
Lebensraum: Wiesen und Felder, mag feuchte, frische und nährstoffarme Böden, breitet sich nach der Mahd durch Samen und Wurzelschösslinge gut aus.
Wichtig: Ist im Staudensortiment, beim Kauf auf einfach blühende Formen achten.

Wiesen-Salbei

Salvia pratensis

Pflanzengestalt: Aufrecht wachsende, bis zu 80 cm hohe Staude, Blüten in verschiedenen Blau- und Violetttönen in dichten Quirlen an langen Stielen, Blütezeit von Mai bis September.
Lebensraum: Liebt Wärme, Boden durchlässig und frisch, verträgt Trockenheit.
Wichtig: Viele weitere Salbeiarten mit zum Teil kompakterem Wuchs und längeren Blütezeiten sind ebenfalls interessant, passen aber besser in Gartenbeete als auf eine Wiese.

Gamander-Ehrenpreis

Veronica chamaedrys

Pflanzengestalt: Kleine Staude mit maximal 40 cm Höhe, sehr variable Wuchsform, auffallend hellblaue Blüten von Ende April bis Ende September.
Lebensraum: Sonne bis Halbschatten, wenig anspruchsvoll, breitet sich schnell durch Samen aus.
Wichtig: Wiesenpflanze, die auch im Halbschatten wächst, Gartenformen brauchen hingegen sonnige Standorte.

Die blühende Kräuterspirale

Praktisch, platzsparend, pflegeleicht

Mit einer Kräuterspirale können Sie viele Kräuter platzsparend auf einer kleinen Fläche wachsen lassen. Viele Kräuter lieben die Wärme, deshalb muss die Spirale an einem sonnigen Platz stehen. Die Wärme mögen aber auch Bienen und Hummeln. Sie nutzen die Lücken zwischen den Steinen, die die Basis der Kräuterspirale bilden, zum Verstecken und als Nistgelegenheit. Wenn die Kräuter in der Regel ab Ende Juni mit der Blüte beginnen, finden Bienen und Hummeln dann in der Blumenvielfalt der Spirale eine große Auswahl an Nektar und Pollen.

Der richtige Platz

Suchen Sie für die Kräuterspirale einen sonnigen und warmen Platz aus, wie ihn die meisten Küchenkräuter mögen. Die Steine, aus denen Sie die Spirale bauen, speichern außerdem Wärme: So entsteht ein kleines Biotop, das nicht nur den Kräutern gefällt. Die beste Bauzeit für die Kräuterspirale ist im März oder April, denn dann ist Pflanzzeit für die ersten Kräuter. Wärmeliebende Gewächse setzen Sie sicherheitshalber erst nach den Eisheiligen ab Mitte Mai ein.

Bienen und Hummeln lieben Kräuter – daher fliegen sie auch auf Kräuterspiralen.

Eine kleine Kräuterspirale aus Hasendraht und Kies passt auch auf eine Terrasse oder einen Balkon.

Eine Schnecke bauen

Stellen Sie sich gedanklich ein Schneckenhaus aus der Vogelperspektive vor und schon haben Sie den Bauplan für die Kräuterspirale. Die Zutaten sind: Feld- oder Backsteine, Sand und Gartenerde. Damit die Windungen der Spirale nicht zu eng werden, sollte die Grundfläche für eine Kräuterspirale im Garten mindestens 1,5 m im Durchmesser haben. Eine deutlich kleinere Spirale können Sie mit Hilfe von feinmaschigem Hasendraht, Steinen und Erde für den Balkon oder die Terrasse bauen.

Den Anfang bildet ein Kreis aus Steinen, die Sie dicht an dicht auf den Boden legen. Den Innenkreis füllen Sie nun bis auf Höhe der Steine mit Gartenerde aus. Dann beginnen Sie an einer Seite des Kreises mit dem Aufbau der Spirale mit zwei parallel laufenden Steinreihen, die in einem kleinen Abstand der runden Wölbung der Grundform folgen.

Damit die Spirale Höhe bekommt, unterfüttern Sie die Steinreihen immer stärker mit Erde, gleichzeitig füllen Sie zwischen den beiden Reihen immer wieder Erde nach. Je weiter Sie vorankommen, desto enger muss die Windung werden. Damit die Spirale hält, ist es wichtig, die Erde unter den Steinen besonders fest anzudrücken.

Tipp: Blüten gefragt

Blühende Kräuter sind für die Verwendung in der Küche nicht mehr geeignet. Damit sowohl Bienen und Hummeln als auch Sie selbst etwas von der Kräuterspirale haben, ernten Sie von jedem Kraut nur die Hälfte: Die andere Hälfte lassen Sie aufblühen und servieren Sie so den Insekten.

Die Spirale bepflanzen

Gießen Sie die neue Kräuterspirale nach der Fertigstellung an und lassen Sie sie dann ein paar Tage vor dem Bepflanzen ruhen, damit sich die Erde noch setzen kann. Sollten sich Lücken bilden, füllen Sie einfach noch Erde nach. Alle Kräuter, die Sie oft in der Küche brauchen, kommen an den Rand der Spirale. Je weiter Sie ein Kraut in die Spirale setzen, desto schwieriger wird es, das Kraut zu ernten. Flach Wachsendes, wie zum Beispiel der Teppich-Thymian, fühlt sich am Rand auf den Steinen sehr wohl, er passt auch in eine größere Lücke zwischen den Steinen. Sind die Kräuter einmal eingewachsen, können sie in der Kräuterspirale ohne Probleme im Freien überwintern.

Kräuter mit attraktiven Blüten

Schnittlauch

Allium schoenoprasum

Pflanzengestalt: Winterharte Staude mit bis zu 40 cm Höhe, Blütezeit Juni bis August mit violetten Blütenbüscheln auf festen drahtigen Stielen, Blatt hohl und rund, eher an Stiele als an Laub erinnernd, sattgrün, mit typischem Schnittlauch-Geruch.
Lebensraum: Sonne, gern nährstoffreiche Böden, verträgt Trockenheit.
Wichtig: Vermehrung durch Aussaat oder Teilung im Frühjahr.

Rosmarin

Rosmarinus officinalis

Pflanzengestalt: Straff aufrecht wachsender Strauch, zwischen 50 cm und 1 m Höhe, Triebe teilweise auch liegend, Blätter an Nadeln erinnernd, intensiv duftend. Blüten intensiv blau oder violett, von Mai bis August.
Lebensraum: Sonnig und warm, mag nährstoffreiche durchlässige Erde, verträgt Trockenheit.
Wichtig: Im milden Klima winterhart, sonst kühl und hell überwintern und im Frühjahr mit Topf in die Kräuterspirale setzen.

Zitronen-Thymian

Thymus × citriodorus

Pflanzengestalt: Staude, maximal 40 cm hoch, eher flache Kissen bildend, rundlich ovale, grüne oder grüngelbe Blätter mit intensivem Zitronenduft, violette oder rosa Blüten im Juni und Juli.
Lebensraum: Liebt Wärme, gern an oder über Steinen wachsend, mag durchlässige, magere Böden, verträgt Trockenheit.
Wichtig: Mit anderen Thymianarten die Blütezeit verlängern.

Zitronen-Melisse

Melissa officinalis

Pflanzengestalt: Aufrecht wachsende Staude mit bis zu 90 cm Höhe, Blatt sattgrün, Blattrand immer fein gebogt, Blätter mit typischem Zitronenduft, hellblaue Blüte von Juni bis August. Pflanze bildet Wurzelausläufer, wuchert aber nicht.
Lebensraum: Sonnig und warm, gern nährstoffreiche Böden, verträgt Trockenheit.
Wichtig: Vermehrung durch Stecklinge oder Aussaat ab Mai.

Borretsch

Borago officinalis

Pflanzengestalt: Einjährige, bis zu 80 cm hohe Pflanzen, Blätter und Stängel behaart, alle Pflanzenteile mit typischem Gurkengeruch. Blüte blau von Mai bis September.
Lebensraum: Sonnig, Boden gern feucht und kalkhaltig, Aussaat ab April direkt in den Garten.
Wichtig: Wildert durch Selbstaussaat aus, deshalb auch für Blumenwiesen mit mageren Böden geeignet.

Oregano

Origanum vulgare

Pflanzengestalt: Staude mit bis zu 60 cm Höhe, Triebe gern auch liegend, oval-eiförmige Blätter mit intensivem Duft. Blüte in kleinen weißen oder lila Dolden von Juli bis September.
Lebensraum: Sonnig, verträgt Trockenheit, bevorzugt magere Böden, bei knapper Ernährung keine Probleme im Winter.
Wichtig: Rückschnitt nach der Blüte für kompakten Pflanzenaufbau.

Bienen und Hummeln im Porträt

Westliche Honigbiene

Apis mellifera

Lebensweise: Honigbienen leben in sehr gut organisierten Staaten mit bis zu 60 000 Mitgliedern. Ein Bienenvolk besteht aus einer Königin und den weiblichen Arbeiterinnen. Erst im Frühsommer ziehen die Arbeiterinnen mehrere Hundert männliche Bienen auf. Aufgabe dieser Drohnen ist es, die Königin auf einem Hochzeitsflug zu befruchten.

Honigbienen und der Mensch gehen seit mehr als 10 000 Jahren eine Partnerschaft ein: Die Bienen liefern Honig und Wachs vom Bau ihrer Waben, der Imker bietet mit den Bienenstöcken sichere Unterkünfte. Außerdem sorgt er mit zusätzlicher Fütterung dafür, dass die Honigbienen gut über den Winter kommen. Seit einigen Jahren gehört außerdem die Bekämpfung der Varoamilbe zu den wichtigen Aufgaben der Imker.

Futtersuche: Honigbienen orientieren sich am Sonnenstand und sie können ihre Nahrungsquellen riechen. Sie bevorzugen Pflanzenbestände, die knapp einen Kilometer von ihrem Stock entfernt sind. Eine gute Nahrungsquelle liefert den Bienen so viel Honig und Pollen, dass sie den Überschuss in ihren Stöcken einlagern können. Diesen Überschuss bezeichnen Imker als „Tracht“. Aus der Tracht gewinnen sie den Honig.

Im Frühjahr finden Honigbienen in unseren Landschaften genug Nahrung, doch ab Juni nimmt die Zahl der blühenden Wildpflanzen immer mehr ab. Deshalb sind Gärten und Parks wichtige Nahrungsquellen im Sommer und Herbst. Pflanzen mit einfachen, ungefüllten Blüten und eine möglichst große Mischung verschiedener Gewächse, die bis weit in den Herbst hinein blühen, sind für Honigbienen wichtig.

Aktivität: 22 bis 25 °C sind die ideale Temperatur zum Sammeln, unter 10 °C fallen Honigbienen in eine Winterstarre. Vor- und nach Sonnenuntergang sind sie nicht aktiv.

Wichtig: Die Westliche Honigbiene ist unser wichtigstes Insekt für die Bestäubung, 80 Prozent unserer Pflanzen werden von Insekten bestäubt – damit ist die Honigbiene nach Kühen und Schweinen unser wichtigstes Nutztier.

Braunbürstige Hosenbiene

Dasypoda hirtipes

Lebensweise: Die einzeln lebende Braunbürstige Hosenbiene ist sehr gut an den behaarten Hinterbeinen zu erkennen. Diese Bürsten sind beim Weibchen ausgeprägter als beim Männchen, hinzu kommen bei beiden Geschlechtern weiße Ringe auf dem Hinterleib.

Futtersuche: Braunbürstige Hosenbienen sind Spezialisten, die bevorzugt Korbblütler wie zum Beispiel Löwenzahn, Wegwarte oder Wiesen-Pippau aufsuchen.

Aktivität: Männchen sind ab Mitte Juni aktiv, die Weibchen kann man von Mitte Juli bis September beobachten. Braunbürstige Hosenbienen starten an warmen Tagen bereits um 7 Uhr und beenden ihre Pollensammelflüge um die Mittagszeit.

Wichtig: Nistgelegenheiten bieten sich in alten Steinbrüchen oder Kiesgruben. Dort gräbt das Weibchen eine Bruthöhle in den trockenen und losen Sand. In dieser Bruthöhle überwintert die neue Generation auch. Natürliche Nistgelegenheiten werden immer rarer, deshalb könnte ein passendes Angebot im Garten Zulauf finden.

Garten-Wollbiene

Anthidium manicatum

Lebensweise: Die Wollbiene verdankt ihren deutschen Namen der Eigenart, ihre Eier in Pflanzenfasern zu wickeln, die sie von verschiedenen Gewächsen abschabt. Viele Gartenpflanzen nutzt die 11 bis 18 mm große Solitärbiene für diesen Zweck. Wegen der gelben Querstreifen auf der Unterseite des Hinterleibes wird sie oft mit Wespen verwechselt. Anders als bei einer Wespe reichen bei ihr die Querstreifen aber nicht über den ganzen Leib, außerdem fehlt ihr die sprichwörtliche Wespentaille.

Futter: Wollbienen sind auf keine Pflanzenart spezialisiert, die großen Drohnen verteidigen gute Futterquellen aber recht aggressiv gegen andere Insekten.

Aktivität: Wollbienen sind von Anfang Juni bis Mitte September, in warmen Jahren auch bis Mitte Oktober aktiv.

Wichtig: Wollbienen nisten im Boden oder in den Spalten von Trockenmauern und lehmigen Wänden. Kühle und nasse Tage verschlafen die wärmeliebenden Bienen gern in Verstecken aus Totholz, auch Nisthilfen werden zu diesem Zweck entfremdet.

Gewöhnliche Löcherbiene

Heriades truncorum

Lebensweise: Einzeln lebende, mit 4 bis 8 mm Länge recht kleine und fast schwarz wirkende Tiere. Weibchen und Männchen sind bei der Gewöhnlichen Löcherbiene gleich groß, Männchen unterscheiden sich durch eine graue Gesichtsbehaarung.

Futtersuche: Die Gewöhnliche Löcherbiene ist auf Korbblütler wie Alant, Löwenzahn, Schafgarbe oder Astern spezialisiert, sie nimmt Zierpflanzen in Gärten oder auf Balkonen sehr gern an.

Aktivität: Beide Geschlechter sind von Mitte Juni bis – in warmen Jahren – Ende September aktiv, dabei fällt die wichtige Brutzeit in die Zeit von Ende Juli bis Ende August.

Wichtig: Totholz und hohle Pflanzenstängel sind wichtige Nistmaterialien, passende Nisthilfen nutzt die Gewöhnliche Löcherbiene sehr gern. Bis zu zehn Eier kommen in eine Röhre, der Verschluss und die Wände zwischen den einzelnen Gelegen bestehen aus einer Mischung aus Baumharz und Pflanzenteilen oder kleinen Steinchen. Der Nachwuchs überwintert im Nest.

Garten-Blattschneiderbiene

Megachile willughbiella

Lebensweise: Garten-Blattschneiderbienen leben einzeln, gelegentlich schließen sich aber mehrere Bienen zur kommunalen Lebensweise zusammen – dann nutzen sie gemeinsam einen Eingang zu den Nestern, kümmern sich aber stets nur um ihre eigenen Gelege. Diese Bienen fallen mit einer hell gefärbten Körperoberseite und den noch helleren Vorderbeinen auf.

Futtersuche: Garten-Blattschneiderbienen sind auf keine Pflanzenart oder -familie spezialisiert.

Aktivität: Von Juni bis September sind Garten-Blattschneiderbienen aktiv, die männlichen Drohnen starten im Mai und August zu einem Hochzeitsflug, deshalb sind zwei Generationen innerhalb eines Jahres nicht ungewöhnlich.

Wichtig: Garten-Blattschneiderbienen hüllen ihre Eier in ovale Blattstücke ein, die sie aus Gartenpflanzen schneiden. Sie nisten in Totholz, locker aufgebauten Wänden aus Löss oder in Trockenmauern. Gern nutzen sie auch die lockere und trockene Erde in Töpfen mit Kakteen oder wasserspeichernden Pflanzen auf Balkonen – deshalb wird diese eigenwillige Biene auch „Blumentopfbiene" genannt.

Gehörnte Mauerbiene

Osmia cornuta

Lebensweise: Die 12 bis 16 mm lange Gehörnte Mauerbiene ist eine Solitärbiene, sie lebt allein. Sie ist gut an den kleinen Hörnern zu erkennen, die sie auf dem Kopf trägt, bei den weiblichen Tieren ist dieses Merkmal ausgeprägter als bei den Männchen. Der auffällig orangebraun gefärbte Hinterleib ist ein weiteres Erkennungsmerkmal, die Männchen haben dazu noch ein weißes Gesicht und eine hellere Rückenbehaarung.

Futtersuche: Als Nahrung braucht sie Frühlingsblumen, auf der Speisekarte stehen unter anderem Krokus, Primeln, Stiefmütterchen und viele andere früh blühende Arten.

Aktivität: Die Männchen fliegen im Februar und März, die Weibchen sind von März bis Mai zu sehen, die Flugzeiten beginnen bei Temperaturen ab 10 °C aufwärts.

Wichtig: Die Gehörnte Mauerbiene legt ihre bis zu zwölf Eier gern einzeln in Nisthilfen wie hohle Halme oder Bambus. Gefüllte Stängel verschließt die Biene mit einer Mischung aus feuchter Erde und Speichel. Der Nachwuchs entwickelt sich im Sommer, die jungen Gehörnten Mauerbienen überwintern an ihrem Geburtsort.

Gelbbindige Furchenbiene

Halictus scabiosae

Lebensweise: Die Gelbbindige Furchenbiene ist mit 14 mm Länge recht klein und schlank, außerdem hat sie am Hinterleib ockergelbe Querstreifen. Die männlichen Drohnen sind schlanker und haben deutlich größere Fühler als die weiblichen Bienen.

Futtersuche: Gelbbindige Furchenbienen bevorzugen Korbblütler wie Löwenzahn, Zinnien oder Astern.

Aktivität: Die weiblichen Bienen sind von Ende April bis Ende September, in warmen Jahren auch bis in den Oktober hinein aktiv. Die Drohnen erscheinen im Juni.

Wichtig: Gelbbindige Furchenbienen bauen ihre Erdnester in trockenen Böden, gern auch im trockenen Rasen oder auf einer entsprechenden Blumenwiese. Sie betreiben eine eigenwillige Brutpflege: Mehrere befruchtete Weibchen tun sich nach der Überwinterung zu einer Kolonie mit einer Königin und mehreren Arbeiterinnen zusammen. Schlüpft die Brut, ist die Zusammenarbeit aber beendet, die Königin vertreibt ihre Arbeiterinnen, die dann als Solitärbienen allein nisten.

Gartenhummel

Bombus hortorum

Lebensweise: Gartenhummeln leben in kleinen Staaten mit 50 bis 100 Arbeiterinnen und einer Königin. Die häufig vorkommenden Gartenhummeln lassen sich von anderen Hummeln durch den doppelten orangegelben Ring in der Körpermitte unterscheiden.

Futtersuche: Gartenhummeln sind nicht auf bestimmte Pflanzenfamilien spezialisiert, sie nehmen die Tracht von Zierpflanzen ebenso gern an wie das Angebot von wilden Gewächsen.

Aktivität: Die bis zu 22 mm große Königin ist von März bis Mitte Mai im Garten zu sehen, von Anfang Mai bis Ende Juli sind die kleineren Arbeiterinnen aktiv, die männlichen Drohnen zeigen sich zum Hochzeitsflug von Ende Juni bis Ende Juli. In warmen Sommern erscheint im September eine zweite Generation, begründet von einer jungen Königin aus dem Frühsommer.

Wichtig: Gartenhummeln können unterirdisch, zum Beispiel in Mäuselöchern, aber auch über der Erde nisten. Nisthilfen wie spezielle Hummelkästen nehmen sie ebenso gern an wie passende Gelegenheiten an und in Gebäuden.

Steinhummel

Bombus lapidarius

Lebensweise: Steinhummeln leben in Staaten mit bis zu 300 Tieren, sie gelten als besonders friedfertig, sie sind standorttreu und besetzen geeignete Plätze über mehrere Jahre mit ihren Nestern. Auffälligstes Kennzeichen der bis zu 22 mm großen Königin und ihrer Arbeiterinnen mit 12 bis 16 mm Größe ist der leuchtend orangegelb gefärbte Hinterleib. Diese Färbung steht in einem deutlichen Kontrast zum dunkelbraunen Körper.

Futtersuche: Steinhummeln sind keine Nahrungsspezialisten, aber sie bevorzugen Taubnesseln, Wiesen-Klee und Kriechenden Günsel, wenn diese Pflanzen in der Nähe ihrer Nester wachsen.

Aktivität: Ab Mitte März ist die große Königin aktiv, die Arbeiterinnen sammeln bis Mitte Oktober Nektar und Pollen.

Wichtig: Steinhummeln nisten über- und unterirdisch, dabei bevorzugen sie Mauern oder Steinhaufen – wodurch sie ihren Namen erhalten haben –, sie nehmen aber auch Nistkästen oder verlassene Ställe und Scheunen gern an.

Ackerhummel

Bombus pascuorum

Lebensweise: Die Ackerhummel lebt in Staaten mit 80 bis 150, 9 bis 15 mm großen Arbeiterinnen und einer mit 15 bis 18 mm Körperlänge deutlich größeren Königin. Ackerhummeln lassen sich von anderen Hummeln durch die rötliche Behaarung auf der Körperoberseite und den beige-sandfarbenen seitlichen Thorax unterscheiden.

Futtersuche: Ackerhummeln haben sich dem Menschen und dem Angebot in seinen Gärten sehr gut angepasst. Zu ihren bevorzugten Pflanzen gehören die Fetthenne, die Weiße Taubnessel, der Wiesen-Klee und der Kriechende Günsel.

Aktivität: Die Königin beginnt mit dem Aufbau des Volkes ab April, die Arbeiterinnen sind bis Oktober zu sehen.

Wichtig: Ackerhummeln nisten selten unterirdisch, sie bevorzugen Plätze in Gebäuden oder in dichten Pflanzenbeständen. In Hummelkästen ziehen sie sehr gern ein. Die Königin überlebt den Winter und begründet das neue Volk. Ackerhummeln gelten als die friedlichsten unter den insgesamt recht ruhigen und zurückhaltenden Hummeln.

Dunkle Erdhummel

Bombus terrestris

Lebensweise: Dunkle Erdhummeln bilden Staaten mit bis zu 500, 11 bis 17 mm großen Arbeiterinnen und einer mit 20 bis 23 mm Körperlänge deutlich größeren Königin. Die hübschen, weit verbreiteten schwarzen Tiere mit zwei gelben Querbinden sind von anderen, ebenfalls häufig vorkommenden Hummeln durch die helle, oft gelblichweiße Zone am Hinterleib zu unterscheiden.

Futtersuche: Dunkle Erdhummeln sind nicht auf bestimmte Pflanzenarten spezialisiert, sie schätzen aber ein reiches, frühes und lange anhaltendes Pflanzenangebot.

Aktivität: Die Königin startet nach der Überwinterung bereits ab Mitte März zu Sammelflügen, die Arbeiterinnen folgen von Mai bis Oktober.

Wichtig: Dunkle Erdhummeln bauen ihre Nester bis zu 1,5 m tief unter der Erde. Gern nutzen sie dazu vorhandene Mauselöcher, graben aber auch selbst Nester an warmen Stellen im Garten. Die Königin überwintert und beginnt im Frühjahr mit der Anzucht der neuen Generation, aus der die nächste Königin entsteht.

BIENEN-PFLANZEN

für Garten & Balkon

Gewöhnliche Akelei

Aquilegia vulgaris

Akeleien sind eigenwillige Schönheiten, im Garten fallen ihre Sorten mit zweifarbigen Blütenglöckchen immer auf. Die hübschen Hahnenfußgewächse sind von Haus aus Stauden, allerdings halten sie es auch bei besten Bedingungen selten mehr als zwei oder drei Jahre an einem Standort aus. Kaum sind die Eltern mit ihrem schönen silbrigen Laub verschwunden, tauchen im nächsten Frühjahr wieder neue Akeleien an anderen Plätzen auf.

Die eigenwillig geformten Blüten der Akelei locken vor allem Nahrungsspezialisten wie Hummeln an.

Akeleien samen sich sehr leicht selbst aus: Hat man sie einmal im Garten, entwickeln sie sich deshalb zu den besonders ausdauernden Begleitern.

Standort: Halbschattig und nicht zu warm, der Boden sollte durchlässig, frisch und humos sein.

Pflege: Sollen sich Akeleien von selbst aussäen, brauchen sie keine Pflege. Schneidet man die festen Stiele mit den verwelkten Blüten zurück, kann sich die Lebensdauer der Stauden ein wenig verlängern.

Gute Partner: Vor und zu Laubgehölzen wie zum Beispiel Ahorn, aber auch in lockeren Rabatten mit Frühlings- und Sommerblumen.

Tipp: *Liebling der Hummeln. Sie saugen Nektar aus den Blüten, indem sie den typischen gekrümmten Sporn abbeißen.*

Blütezeit	Mai bis Juni
Blütenfarbe	blau, violett, rosa, rot oder weiß, auch zweifarbig
Höhe	30 bis 80 cm
Wuchs	locker aufrecht

Garten-Blaukissen

Aubrieta × cultorum

Das immergrüne Blaukissen ist eine der ersten Stauden, die im frühlingshaften Garten für Farbe sorgen. Die dichten, mit unzähligen Blüten übersäten Pflanzen locken an einem warmen Tag schnell die ersten Insekten an, darunter auch Hummeln und Wildbienen. Diese Stauden lassen sich durch Schnitt gut zähmen, deshalb sind sie auch für kleine Gärten und Balkonkästen oder als Unterpflanzung zum Beispiel von kleinen Obstbäumen in Töpfen gut geeignet.

Standort: Sonnig und warm, gern auf Mauerkronen oder auf dem sonnigen Balkon. Der Boden sollte durchlässig und nährstoffhaltig sein, Kalk wird gut vertragen.

Pflege: Die wichtigste Maßnahme ist der Rückschnitt nach der Blüte auf ein Drittel der Pflanzenhöhe. So bleiben der kompakte Wuchs und die reiche Blüte erhalten. Zu große Blaukissen können direkt nach der Blüte geteilt werden. Vorgetriebene Pflanzen in sehr kalten Phasen vor Frösten schützen.

Gute Partner: Tulpen, Traubenhyazinthen und andere Zwiebelblumen sowie weitere Polsterstauden wie Gänsekresse oder Steinkraut.

Tipp: *Das Blaukissen eignet sich auch hervorragend, um in Steingärten Mauerkronen oder größere Steinfugen ganzjährig zu begrünen.*

Die blauviolett blühende Sorte ‚Blaumeise' besticht mit ihrem schönen, kompakten Polster.

Blütezeit	April bis Mai
Blütenfarbe	violett, blau, rot, rosa, weiß
Höhe	8 bis 12 cm
Wuchs	teppichartig, dichte Polster bildend

Gewöhnlicher Judasbaum

Cercis siliquastrum

Der Sage nach hat sich Judas nach seinem Verrat an Jesus an einem *Cercis* erhängt. Bereits im März, also noch vor den Obstbäumen, sorgt der Judasbaum mit seinen rosa Blüten für Aufmerksamkeit vor allem bei Bienen und Hummeln. Die Blüten erscheinen noch vor dem nierenförmigen Laub an den alten Trieben mit der typischen grauen Rinde. Mit der frühen Blütezeit und einem reichen Angebot an Nektar und Pollen ist der Judasbaum eine wichtige Bienenweide im Frühjahr.

Der bereits im Winter blühende Judasbaum ist für Menschen und Bienen eine besondere Attraktion.

Standort: Vollsonnig und warm, gern vor Häusern oder vor Mauern sowie auf geschützten Terrassen und Balkonen in Kübeln, in rauen Lagen unbedingt an Windschutz denken. Boden gern sandig oder steinig, Kalk wird vertragen.

Pflege: Neupflanzungen in den ersten beiden Wintern schützen. Der Judasbaum wächst pro Jahr nur rund 15 cm, er lässt sich durch Schnitt nach der Blüte in Form halten. Blüten entstehen nur am vorjährigen und alten Holz. Die breite Krone bilden die Gehölze erst im Alter aus.

Gute Partner: Wärmeliebende Kübelpflanzen und Stauden.

Tipp: *Der Judasbaum blüht erst nach fünf bis sechs Jahren – aber das Warten lohnt, denn mit seiner sehr intensiven und frühen Tracht lieben ihn alle Bienen und Hummeln.*

Blütezeit	März bis Mai
Blütenfarbe	purpurrosa
Höhe	meist 4 bis 8 m
Wuchs	erst straff aufrecht, im Alter immer breiter

Japanische Zierquitte

Chaenomeles japonica

Die Japanische Zierquitte bildet ihre Blüten gleichzeitig mit dem ledrigen, mittelgrünen Laub. In warmen Wintern sind die leuchtenden Blüten mit den fünf runden Blütenblättern oft schon ab Ende Februar oder Anfang März zu sehen, dann sitzen sie an den stark bedornten Zweigen noch ohne Laub. Das früh blühende Rosengewächs ist bei vielen Bienen und Hummeln wegen des reichen Nektar- und Pollenangebotes sehr beliebt. Dieses Gehölz wächst recht langsam und es lässt sich bei Bedarf schneiden, deshalb passt es auch in kleine Gärten oder auf Terrassen und Balkone als Kübelpflanze und ist auch häufig in kleinen Hecken zu sehen.

Als früh blühende Gehölze sind Japanische Zierquitten für viele Bienen und Hummeln attraktiv.

Standort: Zierquitten mögen sonnige bis halbschattige Plätze, jeder normale Gartenboden ist ihnen recht. An zu schattigen Plätzen nur schlechte Blütenbildung.

Pflege: Wenn Schnitt notwendig ist, sollte er direkt nach der frühen Blüte erfolgen. Sonst ist keine weitere Pflege notwendig.

Gute Partner: Die Zierquitte lässt sich im Frühjahr reizvoll mit bunten Zwiebelblumen kombinieren.

Tipp: *Mit ihren sehr langen Trieben, die nur in die gewünschte Richtung gebogen und befestigt werden müssen, eignet sich die Zierquitte auch hervorragend als Spalierpflanze.*

Blütezeit	März bis Mai
Blütenfarbe	ziegelrot
Höhe	80 bis 150 cm
Wuchs	buschig aufrecht, oft mehr breit als hoch

Kornelkirsche

Cornus mas

Bereits Ende Februar kann man in warmen Wintern die leuchtend gelben Blüten der Kornelkirsche sehen. Wie kleine Pompons wirken die leicht duftenden Blüten, die in dichten Dolden an den kahlen Trieben hängen. Das glänzende dunkelgrüne Laub erscheint erst nach der Blüte. Die Kornelkirsche gehört zu den wichtigen ersten Nährpflanzen für Honigbienen, aber auch Hummeln und Wildbienen wissen den frühen Segen zu schätzen. Weil sich Kornelkirschen willig schneiden lassen, passen sie auch in Hausgärten und sogar auf eine große Terrasse oder einen entsprechend geräumigen Balkon.

Kornelkirschen hüllen die Landschaft bereits im zeitigen Frühjahr mit ihrer Blütenpracht ein, die alle Insekten zu schätzen wissen.

Standort: Sonnig bis halbschattig, gern auf schweren Böden, ein normaler Gartenboden genügt auch.

Pflege: Kornelkirschen vertragen den Schnitt nach der Blüte sehr gut, deshalb sieht man sie gelegentlich auch in geformten Hecken. Eine weitere Pflege braucht dieses Gehölz nicht.

Gute Partner: Wildgehölze wie Haselnuss, im Hausgarten alle Stauden und Gehölze, denen der Standort ebenfalls zusagt.

Tipp: *Mit dem Roten Hartriegel steht eine weitere wertvolle Art aus der Gattung der Hartriegel als Nährgehölz zur Verfügung, das allerdings erst von Mai bis Juni blüht.*

Blütezeit	März bis April
Blütenfarbe	goldgelb
Höhe/Breite	3 bis 8 m hoch, 3 bis 6 m breit
Wuchs	aufrecht bis buschig

Niedrige Scheinhasel

Corylopsis pauciflora

Hellgelbe Blütenglöckchen am kahlen Strauch mit leicht überhängenden Zweigen im zeitigen Frühjahr – das sind die wichtigsten Merkmale der auch Glockenhasel oder Schlüsselblumenstrauch genannten Niedrigen Scheinhasel. Diese wegen der hellen gelben Farbe nicht so hervorstechenden Blüten gehören zu den wichtigen frühen Nährangeboten für Bienen und Hummeln. Deutlich spektakulärer blüht wenige Wochen später die bekannte Forsythie in Goldgelb, doch ihre Blüten enthalten weder Nektar noch Pollen. Die Scheinhasel hingegen passt in jeden Garten, sie kommt auch im Kübel auf einer Terrasse oder auf einem Balkon zurecht. Das graugrüne Laub wirft die Scheinhasel im Herbst ab. Doch bevor sie sich von ihren Blättern trennt, zeigt sie noch einmal richtig Farbe: Die Herbstfärbung dieses kleinen Gehölzes ist sehenswert.

Standort: Sonnig bis halbschattig, jeder Gartenboden ist recht.

Pflege: Die Niedrige Scheinhasel braucht keine besondere Pflege, sie kommt am besten zurecht, wenn man sie sich selbst überlässt.

Gute Partner: Schnee-Heide, kleine Stauden und Gehölze, die sich am gleichen Standort wohlfühlen.

Tipp: *Die bis zu 2 m hohe Ährige Scheinhasel ist eine größere Verwandte, die bei Bienen und Hummeln ebenfalls sehr beliebt ist.*

Die Blüten der Niedrigen Scheinhasel werden im Frühjahr stark von Bienen und anderen Insekten beflogen.

Blütezeit	März bis April
Blütenfarbe	hellgelb
Höhe/Breite	jeweils bis 1,5 m
Wuchs	aufrecht, breitbuschig

Frühlings-Krokus

Crocus vernus

Wenn sich die ersten Krokusblüten auf dem Rasen zeigen, ist für Menschen, Bienen und Hummeln der Frühling eingezogen. Die kleinen Krokusse, die sich aus Knollen entwickeln, die im Herbst gelegt werden, scheinen mit ihren länglichen Blüten mit der Sonne zu wetteifern. An warmen Tagen kann man dabei zuschauen, wie sich die einfachen Blüten öffnen und ihren Reichtum vor allem an Nektar fliegenden Besuchern feilbieten. Frühlings-Krokus passt nicht nur in den Garten, wo sich mit den Jahren dichte Nester der kleinen blühenden Zwiebeln bilden, es gibt ihn im Frühjahr auch vorgetrieben in Töpfen für die Bepflanzung von Kübeln und Kästen.

Standort: Warn und sonnig, Böden gern frisch, aber nicht zu feucht.

Pflege: Sollen sich die Pflanzen im Garten oder auf dem Rasen vermehren, dafür sorgen, dass das graugrüne Laub sechs bis acht Wochen nach der Blüte nicht gemäht wird und ausreifen kann. So speichern die Zwiebeln Kraft für die nächste Blüte. Ende Juni ziehen sie sich in den Boden zurück.

Gute Partner: Am schönsten auf dem Rasen und auf der Wiese oder als Nest in Beeten, andere Pflanzen überwachsen den kleinen Frühlings-Krokus allerdings schnell.

Tipp: *Sehr gute Futterquelle für Bienen und Hummeln, die mit wenig Aufwand zu realisieren ist.*

Wenn sich die einladenden Kelche des Frühlings-Krokus öffnen, ist der Tisch für Bienen und Hummeln reich gedeckt.

Blütezeit	März bis April
Blütenfarbe	weiß bis dunkelviolett, auch zweifarbig
Höhe	5 bis 15 cm
Wuchs	aufrecht, flache Kissen bildend

Besenginster

Cytisus scoparius

Der Besenginster war die Modepflanze der Gärten bis weit in die 1970er-Jahre hinein, oft sieht man den schönen Frühlingsblüher heute aber nicht mehr. Das ist schade, gilt er doch als sehr gute Bienenweide. Zwar bieten die goldgelben Blüten keine großen Mengen an Nektar und Pollen, dafür blüht Besenginster nach den meisten Obstbäumen. Das ist die Zeit, in der aus Sicht der Insekten oft Magerkost herrscht, weil beim Übergang vom Frühling zum Sommer nur wenige Pflanzen blühen. Besenginster ist recht anspruchslos, er kommt ohne große Pflege zurecht. Seine grünen, fünfkantigen Triebe mit den kleinen Blättchen sorgen auch im Winter für Farbe im Garten.

Standort: Warm und sonnig, kommt mit Trockenheit zurecht, verträgt jeden normalen Gartenboden.

Pflege: Rückschnitt direkt nach der Blüte verhindert, dass Besenginster überaltert und immer weniger Blüten bildet. Mit dieser Maßnahme lässt sich seine Größe ebenfalls in den gewünschten Maßen halten.

Gute Partner: Stauden, die die Wärme lieben.

Tipp: *Für Bienen und Hummeln ist der Besenginster ein vergessener Schatz.*

Der Besenginster ist im Hausgarten ein wenig aus der Mode gekommen, für Bienen und Hummeln liegt er immer im Trend.

Blütezeit	Mai bis Juni
Blütenfarbe	goldgelb
Höhe/Breite	1 bis 2 m hoch, bis 1,5 m breit
Wuchs	aufrecht buschig

Winterling

Eranthis hyemalis

Die kleinen, einfachen Blüten in leuchtendem Gelb mit ihren sechs Blütenblättern erinnern zu Recht an den Hahnenfuß – der kleine Winterling ist ein enger Verwandter der bekannten Frühlingsblume. Allerdings entwickelt sich der Winterling aus einer fast runden kleinen Zwiebel, die im Herbst gepflanzt wird. Die gelben Blüten des Winterlings umgibt ein Kranz aus sattgrünem Laub wie ein kleiner Kragen. Das kleine Pflänzchen, das sich in vielen winterlichen Gärten als Erstes ans Licht traut,

Winterlinge präsentieren ihre begehrte Pollen- und Nektartracht in leuchtend gelben Blüten.

bietet Bienen und Hummeln vor allem Pollen. Um ihre Depots nach einem langen und kalten Winter wieder zu füllen, brauchen die Insekten diese Nahrung im Frühling besonders.

Standort: Sonnig, gern leicht feuchter und nährstoffreicher Boden.

Pflege: Winterlinge brauchen keine besondere Pflege, lässt man sie wachsen, wildern sie schnell aus und breiten sich auf den Beeten aus. Ihr Laub zieht bereits Ende April ein: Damit sie nicht aus Versehen ausgegraben werden, ihre Standorte mit kleinen Stöckchen markieren.

Gute Partner: Alle Stauden, die nicht wintergrün sind und den gleichen Standort schätzen.

Tipp: *Vorgetriebene Winterlinge im Topf erst in Balkonkästen und Kübel setzen und sie nach der Blüte im Garten auspflanzen.*

Blütezeit	Februar bis März
Blütenfarbe	gelb
Höhe	5 bis 15 cm
Wuchs	aufrecht

Schnee-Heide

Erica carnea

Die Schnee-Heide zaubert mit ihren Blüten auch zwischen Schnee und Eis farbige Teppiche in den Garten. Das kleine Gehölz aus der großen Familie der Heidegewächse spart dabei nicht mit Nektar, der Bienen und Hummeln an warmen Tagen magisch zu den kleinen Blütenglöckchen am Ende der Triebe lockt. Schnee-Heide blüht fast acht Wochen lang, auch diese lange Blütezeit im Vorfrühling macht sie für die Insekten so wertvoll. Weil sich die Heide nach der Blüte sehr gut schneiden lässt, bleibt sie immer kompakt.

Standort: Sonnig, der humose und durchlässige Boden sollte mit einem pH-Wert von 4,5 bis 6,5 leicht sauer bis neutral sein, Kalk verträgt die Schnee-Heide als Gebirgspflanze allerdings auch.

Pflege: Der Rückschnitt nach der Blüte auf ein Drittel der ursprünglichen Pflanzenhöhe sorgt für kompaktes Wachstum und intensive Blüte im darauffolgenden Frühjahr. Ohne Schnitt lässt die Blüte nach, Pflanzen werden schnell unansehnlich und fallen auseinander.

Gute Partner: Andere Heidearten wie die Frühjahrsheide bzw. Englische Heide, die sogar noch ein wenig früher blüht.

Tipp: *Schnee-Heide lässt sich auch von Schnee und Eis nicht von der Blüte abhalten – das wissen auch die ersten Insekten sehr zu schätzen.*

Die Schnee-Heide bezaubert mit ihren dicht an dicht stehenden Blütenglöckchen.

Blütezeit	Februar bis April
Blütenfarbe	rosa, rot, violett, weiß
Höhe	15 bis 30 cm
Wuchs	aufrecht, flache Kissen bildend

Goldlack

Erysimum cheiri

Goldlack überzieht den gesamten Garten während seiner Blütezeit mit einem intensiven Duft. Dabei stehen die farbenfrohen und leuchtenden Blüten in einem starken Kontrast zum dunkelgrünen, schmalen Laub. Goldlack gehört zu den alten Bauerngartenpflanzen, die mittlerweile wieder im bunten Sortiment der Frühlingsblüher zu Ehren kommen. Vorgetriebene Pflanzen für Kübel, Kästen und Beete sind in großer Auswahl ab März im Handel. Wie viele Frühlingsblüher ist der Goldlack zweijährig, er wird im Juli ausgesät und braucht die Kälte des Winters, um zur Blüte zu kommen. Die frühe Blütezeit und der intensive Duft locken neben Bienen und Hummeln auch die ersten Schmetterlinge an.

Goldlack zieht mit seinem angenehmen Honigduft Bienen und Hummeln unwiderstehlich an.

Standort: Sonniger und warmer Platz mit durchlässiger Gartenerde, Staunässe wird nicht vertragen.

Pflege: In sehr kalten Wintern Schutz durch eine Reisigdecke. Jungpflanzen aus Samen spätestens im September auspflanzen. Pflanzen in Kübeln und Kästen eher trocken als feucht halten, in nassen Wintern ist Schutz vor Regen sinnvoll.

Gute Partner: Frühlingsblumen wie Stiefmütterchen, Gänseblümchen, aber auch Tulpen und Narzissen.

Hinweis: Alle Pflanzenteile enthalten Giftstoffe, die in den Samen besonders hoch konzentriert sind.

Tipp: *Ein besonders schöner Vertreter des Goldlacks ist die lila bis purpurviolett blühende Hybride ‚Bowles Mauve'.*

Blütezeit	April bis Juni
Blütenfarbe	gelb, orange, rot, Brauntöne, auch zweifarbig
Höhe	25 bis 60 cm
Wuchs	straff aufrecht

Kleines Schneeglöckchen

Galanthus nivalis

An den ersten Tagen im Winter erscheint wie von Zauberhand das Schneeglöckchen. Die kleinen weißen Blütenglöckchen hängen an feinen Stielen, die aus einem Nest aus länglichen blaugrünen Blättern herauswachsen. Meist finden sich Schneeglöckchen unter Gehölzen, dort scheinen sie vor den kältesten Winden des Winters Schutz zu suchen. Die kleinen Zwiebeln werden bereits im Herbst gepflanzt. Nach der Blüte dauert es nur wenige Wochen, und schon ist vom Schneeglöckchen nichts mehr zu sehen, weil es die warme Sommerzeit im Boden überdauert. An einem warmen Tag kann man die ersten Bienen und Hummeln an den kleinen Blütenglöckchen beobachten.

Standort: Halbschattig bis schattig, besonders gern auf humosem Boden.

Pflege: Das Schneeglöckchen erhält sich selbst, die kleinen Zwiebeln vermehren sich am passenden Standort schnell und bilden dann dichte Horste. Bei Bedarf können die Horste direkt nach der Blüte geteilt werden. Damit man die Zwiebeln nicht aus Versehen ausgräbt, die Pflanzstelle mit einem Stöckchen markieren.

Gute Partner: Gern im Halbschatten unter Gehölzen, auch auf dem Rasen.

Tipp: *Eine der ersten Blüten des Jahres, deshalb ein Muss für Bienen- und Hummelfreunde.*

Die bescheiden wirkenden Blüten der ersten Schneeglöckchen haben es aus der Sicht von Bienen und Hummeln in sich.

Blütezeit	Februar bis März, teils schon Ende Januar
Blütenfarbe	weiß mit grüner, seltener auch gelber Zeichnung
Höhe	10 bis 20 cm
Wuchs	aufrecht, schnell kleine Horste bildend

Süß-Kirsche

Prunus avium

Als Vogel-Kirsche findet sich die Wildform unserer Süß-Kirsche oft noch in der freien Landschaft. Wilde Vogel-Kirschen und die Süß-Kirschen in unseren Gärten gehören wegen ihres reichen Angebotes an Nektar und Pollen zu den besonders begehrten Pflanzen bei Bienen und Hummeln. Dabei macht aus Sicht der Insekten vor allem die Mischung verschiedener Sorten und mit der etwas später blühenden Sauer-Kirsche wegen der unterschiedlichen Blütenzeiten Sinn. Ein ganzer Obstgarten mit vielen verschiedenen Kirsch-, Apfel-, Birnen- und Pflaumenbäumen ist für Bienen und Hummeln ein Schlaraffenland.

Standort: Sonnig, gern durchlässige Böden, Staunässe wird nicht vertragen.

Pflege: Schnitt an einem frostfreien Tag im Januar oder Februar sorgt für viele Blüten und guten Ertrag.

Gute Partner: Obstbäume, Stauden, die sich am Standort wohlfühlen.

Tipp: *Ein Obst-Schlaraffenland für Bienen und Hummeln kann auch auf einer Terrasse oder einem Balkon entstehen: Wie viele andere Obstgehölze gibt es auch die Süß-Kirsche als kleines, kaum 2 m hohes und schmal wachsendes Spindelbäumchen, das wenig Platz braucht und sich in einem großen Kübel ebenso wohlfühlt wie im eigentlichen Garten.*

Kirschen gehören wie alle anderen Obstbäume zu den wichtigsten Nahrungsquellen für Bienen und Hummeln im Frühling.

Blütezeit	April bis Mai
Blütenfarbe	weiß
Höhe	15 bis 20 m
Wuchs	Baum mit breit kegelförmiger Krone

Schlehe

Prunus spinosa

Die Schlehe, wegen ihrer kräftigen Dornen und des sehr dunklen Holzes auch als Schwarzdorn bekannt, ist ein bekanntes Wildgehölz, das wie die meisten unserer Obstbäume zur Familie der Rosengewächse gehört. Im zeitigen Frühjahr überziehen extrem viele kleine Blüten das Gehölz, lange bevor das dunkelgrüne Laub austreibt. Schlehen sind anspruchslos, erreichen aber Größen, die besser in Wild- oder Vogelnährhecken passen als in kleine Gärten oder auf Terrassen und Balkone. Aus Sicht von Bienen und Hummeln macht die frühe Blütezeit, die deutlich vor den Obstbäumen liegt, die Schlehe so attraktiv, außerdem finden sie den gesuchten Pollen in großem Maß.

Standort: Sonnig bis halbschattig. Die Schlehe kommt an vielen Lagen zurecht und ist mit jedem Gartenboden zufrieden.

Pflege: Die Schlehe braucht keine besondere Pflege. Sprengt ihr recht langsames Wachstum doch einmal das Gartenmaß, kann sie nach der Blüte geschnitten werden.

Gute Partner: Obstbäume, Haselnuss, Wildrosen.

Tipp: *Ein guter Platz für die Schlehe ist auch der Rand eines Obstgartens, bietet sie doch nach den ersten Frösten mit ihren dunkelblauen Beeren ein Obst mit einem sehr hohen Vitamin-C-Gehalt.*

Die Schlehe lockt Bienen und Hummeln sehr früh mit ihrem weißen Blütenschleier an.

Blütezeit	März bis April
Blütenfarbe	weiß
Höhe	meist bis 3 m
Wuchs	aufrecht buschig

Geflecktes Lungenkraut

Pulmonaria officinalis

Das Gefleckte Lungenkraut fällt im Garten wegen seiner Blätter mit silbrigen Flecken auch ohne Blüte auf. Wenn die trichterförmigen Blüten erscheinen, wechseln sie im Lauf des Aufblühens die Farbe und reagieren damit auf den Säuregrad des Bodens. Bei Bienen und Hummeln ist das gefleckte Lungenkraut wegen seiner langen Blütezeit, die oft über drei Monate reicht, so beliebt. Das Lungenkraut ist ein gutes Beispiel dafür, dass nicht allein die Menge an Nektar und Pollen wichtig ist, sondern auch ein beständiges, möglichst lang anhaltendes Angebot interessant ist. An feuchten Plätzen in der Landschaft findet sich oft die Wildform dieser Staude, die bis heute als Heilpflanze zum Beispiel bei Magen- und Darmbeschwerden Bedeutung hat.

Durch seine lange Blüte ist das Gefleckte Lungenkraut vor allem im späten Frühjahr eine wertvolle Bienenfutterpflanze.

Standort: Halbschattig und schattig, gern auf feuchten, humosen Böden.

Pflege: Das Gefleckte Lungenkraut braucht keine besondere Pflege, Trockenheit verträgt es nicht. Es breitet sich mit Wurzelausläufern selbst aus, wuchert dabei aber nicht.

Gute Partner: Stauden für den Halbschatten wie Astilbe oder Farne.

Tipp: *Die kleine Schönheit mit großem Wert für Bienen und Hummeln bietet nicht nur im Beet, sondern auch im Kübel oder im Balkonkasten einen hübschen Anblick.*

Blütezeit	März bis Mai
Blütenfarbe	purpurrot, später verblauend, selten auch weiß
Höhe	10 bis 30 cm
Wuchs	aufrecht buschig

Gewöhnliche Küchenschelle

Pulsatilla vulgaris

Blauviolette Blütenglocken, die an graubehaarten, filzig wirkenden Stielen hängen, sind die typischen Blüten der Küchenschelle. Das fein gefiederte Laub erscheint erst nach der Blüte. Bis weit in den Sommer hinein sind die sehr dekorativen, weil silbrigen Samenstände zu sehen, die bei vielen Vögeln beliebt sind. Die Küchenschelle kommt bis heute an ihrem natürlichen Standort in gebirgigen Regionen vor, sie ist streng geschützt, weil vom Aussterben bedroht. Die Stauden für den Garten stammen aus gärtnerischer Vermehrung und können deshalb bedenkenlos gepflanzt werden. Die lange Blütezeit und das große Pollenangebot machen die Küchenschelle für Bienen und Hummeln attraktiv.

Standort: Sonnig und warm, der Boden muss durchlässig sein, Staunässe wird nicht vertragen. Die Küchenschelle braucht als Gebirgspflanze Magerkost, deshalb nicht düngen. Kalkhaltige Böden verträgt sie gut.

Pflege: Am passenden Standort braucht die Küchenschelle keine weitere Pflege.

Gute Partner: Steingartenpflanzen, Wildkräuter auf trockenen und mageren Wiesen.

Tipp: *Die schöne Staude stellt zwar einige Ansprüche, doch es lohnt die Mühe, den passenden Standort im Garten zu finden, wird sie doch von Bienen und Hummeln eifrig besucht.*

Die dekorative Küchenschelle bietet Bienen und Hummeln viel Nahrung.

Blütezeit	März bis Mai
Blütenfarbe	blauviolett
Höhe	15 bis 20 cm
Wuchs	aufrecht buschig

Zwerg-Purpur-Weide

Salix purpurea ,Nana'

Alle Weiden gelten unter Imkern als sehr gute Bienennährgehölze. Leider erreichen viele dieser Bäume Höhen, die jeden Garten sprengen. Aber es gibt auch kleine Vertreter wie die Zwerg-Purpur-Weide. Wie alle Weiden ist sie zweihäusig, das heißt, dass männliche und weibliche Blüten auf verschiedenen Pflanzen entstehen. Weibliche Blüten sind in der Regel grün und unscheinbar an langen Rispen hängend, die männlichen Blüten kennen wir als Weidenkätzchen. Aus Sicht von Bienen und Hummeln ist das Geschlecht der Weide egal, weibliche wie männliche Blüten bieten reichlich Nektar, den gelben Pollen offerieren dazu nur männliche Pflanzen. Weiden lassen sich gut schneiden und sind mit ihren Blütenkätzchen im Frühling sehr dekorativ. Auf kleine Stämmchen veredelt, passen sie sogar in einen Kübel auf einer Terrasse oder einem Balkon.

Standort: Vollsonnig bis halbschattig, Boden gern feucht.

Pflege: Die Weide braucht keine besondere Pflege, sie lässt sich durch Schnitt im Winter leicht in der gewünschten Größe halten, kleine Triebe bewurzeln im feuchten Boden sehr schnell.

Gute Partner: Blut-Weiderich und andere Stauden, die sich in feuchten Böden wohlfühlen.

Tipp: *Kaufen Sie die Stämmchen vorgetrieben, sodass Sie Bienen und Hummeln vom ersten Pflanztag an begeistern können.*

Bienen und Hummeln wissen die äußerlich unscheinbare weibliche Weidenblüte sehr zu schätzen.

Blütezeit	März bis April
Blütenfarbe	weibliche Blüten: unscheinbar grün männliche Blüten: rötlich silbern
Höhe/Breite	bis 1,5 m hoch, 1 bis 2 m breit
Wuchs	aufrecht, breitbuschig, kugelig

Zwerg-Spiere

Spiraea decumbens

Nach den Obstbäumen beginnt die Blütezeit der vielen verschiedenen Spieren. Alle sind gute Bienennährgehölze, doch die eine oder andere sprengt gerade in kleinen Gärten jedes Maß mit Höhen von 2 m und mehr. Die Zwerg-Spiere hingegen wächst wie ein Bodendecker, sie bleibt flach und wächst mehr in die Breite als in die Höhe. Wenn Spieren nicht blühen, wirken sie mit ihren einfachen grünen Blättern unscheinbar, doch aus Sicht von Bienen und Hummeln haben es die Blüten, die leicht muffelig riechen können, in sich. Sie bieten einen Nachschlag an Nektar und Pollen, wenn die Obstbäume verblüht sind und sich die Insekten langsam auf magere Zeiten einstellen müssen.

Standort: Sonnig, im leichten Schatten weniger Blüten. Jeder Gartenboden ist recht, Trockenheit wird allerdings nicht gut vertragen.

Pflege: Spieren benötigen keine besondere Pflege.

Gute Partner: Als Unterpflanzung für Obstgehölze im Kübel.

Tipp: *Die kleinen Spieren stellen kaum Ansprüche, sie sind deshalb für Garteneinsteiger ebenso geeignet wie für die Bepflanzung von Terrassen und Balkonen.*

Spieren gehören zu den bescheidenen Gehölzen im Garten, aus der Sicht von Bienen und Hummeln bieten sie aber viel.

Blütezeit	Mai bis Juni
Blütenfarbe	weiß
Höhe	20 bis 30 cm
Wuchs	aufrecht buschig

Winter-Schneeball

Viburnum × bodnantense

Intensiv rosafarbene Blüten, die bereits im November erscheinen können und angenehm duften, sind typisch für den Winter-Schneeball. Seine Hauptblütezeit liegt im Frühjahr, doch bereits an den ersten warmen Tagen im beginnenden Winter und um die Jahreswende herum zeigt er die eine oder andere Blüte. Dabei können dem Winter-Schneeball Frost und Schnee nicht viel anhaben, er hat einen natürlichen Frostschutz. Vor allem Hummeln, die sich an den ersten warmen Tagen im Frühling bereits im Garten tummeln, finden Gefallen an diesen Blüten, die sich im Verlauf des Aufblühens immer heller färben. Die länglichen Blätter des Gehölzes bilden sich oft erst nach der Blüte. Im Herbst sind sie mit einer schönen rotvioletten Färbung der Hingucker im Garten. Weil dieses Gehölz recht langsam wächst, ist es auch als Kübelpflanze für eine große Terrasse geeignet. Schnitt verträgt dieser schöne Schneeball leider nicht so gut.

Standort: Sonnig bis leicht schattig, zu viel Schatten sorgt allerdings für schwache Blüte.

Pflege: Der Winter-Schneeball braucht keine besondere Pflege.

Gute Partner: Stauden und frühlingsblühende Zwiebeln.

Tipp: *Blütenpracht zu ungewöhnlicher Zeit, für Hummeln besonders attraktiv.*

Die ungefüllten Schalenblüten des Winter-Schneeballs sind bei Bienen und anderen Nützlingen sehr beliebt.

Blütezeit	ab November, Hauptblüte März bis April
Blütenfarbe	rosa, im Aufblühen immer heller werdend
Höhe/Breite	2,5 bis 3,5 m hoch, 2 bis 3 m breit
Wuchs	aufrecht, breitbuschig

Duft-Veilchen

Viola odorata

Den Wohlgeruch des Duft-Veilchens nimmt man oft schon wahr, bevor man die kleine unscheinbare Pflanze mit den leicht herzförmigen Blättern und den typischen Veilchenblüten entdeckt. Es wächst gern im Schatten von Hecken und Gehölzen und breitet sich dort mit Hilfe von Wurzelausläufern aus. Das Duft-Veilchen wuchert dabei aber nicht, vielmehr sind es seine Samen, die sich an immer wieder neuen Stellen im Garten einen Platz suchen. Weil der Duft so schön ist, haben die Züchter die kleine Staude in den letzten Jahren wiederentdeckt, deshalb sind neue Blütenfarben wie Weiß, Rosa und verschiedene Blautöne ins Sortiment gekommen. Die frühe Blüte macht das Duft-Veilchen aus Sicht von Bienen und Hummeln interessant, außerdem hilft der intensive Duft beim Auffinden dieser Nahrungsquelle.

Standort: Halbschattig und warm, durchlässiger und humoser Boden, gern frisch. Trockenheit wird nicht gut vertragen.

Pflege: Das Duft-Veilchen braucht keine besondere Pflege, es erhält sich selbst und breitet sich aus, wenn der Standort gefällt. Weil das Laub im Hochsommer einzieht, ist es sinnvoll, die Plätze des Veilchens mit kleinen Stäben zu markieren, um versehentliches Ausgraben zu verhindern.

Gute Partner: Laubhecken wie Hainbuchen oder Liguster.

Tipp: *Vorgetriebene Duft-Veilchen eignen sich sehr gut zur Unterpflanzung in Kübeln.*

Der liebliche Wohlgeruch des Duft-Veilchens lockt Menschen, Bienen und Hummeln gleichermaßen an.

Blütezeit	März bis April
Blütenfarbe	lavendelblau, rosa, creme- bis apricotfarben, weiß
Höhe	5 bis 15 cm
Wuchs	aufrecht, ausbreitend

Gewöhnliche Schafgarbe

Achillea millefolium

Die Schafgarbe gehört zu unseren heimischen Wildpflanzen, die wegen ihrer interessanten Blütendolden oft in Gärten zu sehen sind. Dabei sind verschiedene Arten und Sorten im Angebot, deren Blütenfarben von gelb bis hin zu rosa reichen können. Die weiß blühende Schafgarbe kommt der natürlichen Form aber am nächsten, deshalb und wegen der langen Blütezeit, die bis in den Herbst hinein reicht, ist sie bei Bienen und Hummeln so beliebt. Typisch für die Staude sind das feingegliederte Laub und ein würziger Duft, der von allen Pflanzenteilen ausgeht. Die Schafgarbe ist eine Heilpflanze, die zum Beispiel zur Heilung von Wunden beitragen kann. Dass Schafe die Staude gern fressen, zeigt sich in ihrem deutschen Namen.

Das Angebot der Schafgarbe besteht aus ungezählten Einzelblüten, die von Bienen und Hummeln eifrig besucht werden.

Standort: Sonnig und warm, der Boden sollte durchlässig und frisch sein, Trockenheit wird vertragen, Staunässe hingegen nicht.

Pflege: Die Schafgarbe braucht keine besondere Pflege. Die Blütenstände erst im Frühjahr kurz vor dem neuen Austrieb zurückschneiden, damit Vögel im Winter die Samen fressen können.

Gute Partner: Alle Stauden, die an diesem Standort zurechtkommen.

Tipp: *Auch als Bereicherung einer Blumenwiese wissen Bienen und Hummeln die Schafgarbe zu schätzen.*

Blütezeit	Juni bis September
Blütenfarbe	rosa, rot, zartgelb oder weiß
Höhe	20 bis 80 cm
Wuchs	aufrecht, horstbildend

Kriechender Günsel

Ajuga reptans

Der Kriechende Günsel gehört zu den Wildpflanzen, die auch dank neuer Züchtungen immer stärker in unseren Gärten Einzug halten. Weil er viel Nektar bietet, gehört der Günsel wie viele Pflanzen aus der Familie der Lippenblütler, die gut an der eigenwillig geformten Einzelblüte zu erkennen sind, zu den Lieblingen der Insekten. Der Günsel ist nicht nur ausdauernd, er vermehrt sich durch Triebe, die an den Wurzeln gebildet werden, auch selbst. Als blühender Bodendecker macht er immer eine gute Figur im Garten.

Standort: Sonnig bis halbschattig, Sorten mit buntem Laub brauchen mehr Licht als Varianten mit reingrünem Laub. Der Boden sollte humos und leicht feucht sein.

Pflege: Der Kriechende Günsel braucht keine spezielle Pflege. Die Pflanzen lassen sich durch die Wurzelausläufer einfach vermehren und an vielen Stellen im Garten oder auf Balkon und Terrasse pflegen.

Gute Partner: Schön als Unterpflanzung in Kübeln, gern an feuchten Stellen an Teichen oder Wasserläufen.

Tipp: *Weil der Kriechende Günsel eine Staude ist, kann er ohne Probleme auch im Kübel oder Balkonkasten überwintern und im nächsten Sommer Bienen und Hummeln mit seinen Blüten erfreuen.*

Der Kriechende Günsel ist einfach zu pflegen, er bietet Bienen und Hummeln aber eine reiche Kost.

Blütezeit	Mai bis Juli
Blütenfarbe	blauviolett
Höhe	15 bis 20 cm
Wuchs	kriechend, dichte Teppiche bildend

Gewöhnliche Stockrose

Alcea rosea

Die Stockrose, die oft auch fälschlicherweise als Malve bezeichnet wird, gehört zu den Pflanzen aus dem Bauerngarten. Ein sehr langer und fester Blütenstiel, an dem die Blätter und die großen Blüten sitzen, ist typisch für sie. Weil die Stockrose so groß wird, braucht sie unbedingt eine Stütze oder noch besser eine Hauswand, an die sie sich anlehnen kann. Stockrosen sind Stauden, die aber erst im zweiten Jahr nach der Aussaat im Sommer blühen. Einmal am passenden Platz eingesetzt, können sie dort mehrere Jahre durchhalten. Weil sich Stockrosen oft selbst aussähen, bekommt man mit ihnen dankbare Pflanzen, die sich lange im Garten halten. Aus der Sicht von Bienen und Hummeln sind die einfach blühenden Stockrosen interessant, weil sie große Mengen an Pollen produzieren. Vor allem, wenn es auf den Herbst zugeht, ist Pollen für die Ernährung der Insekten wichtig.

Einfach blühende Stockrosen sind aus der Sicht von Bienen und Hummeln ein Segen.

Standort: Sonnig und warm, gern an Hauswänden oder Mauern, deren Steine Wärme speichern. Durchlässiger, nährstoffreicher Boden, gern leicht feucht.

Pflege: Stockrosen wachsen schnell, deshalb zusätzlich mit dem Dünger für Balkonpflanzen in jeder zweiten Woche versorgen. Abgeblühte Stängel im November zurückschneiden.

Gute Partner: Kapuzinerkresse.

Tipp: *In einem großen Kübel ist die Steckrose auch für Balkon und Terrasse eine attraktive Nährpflanze.*

Blütezeit	Juli bis September
Blütenfarbe	rosa, rot, gelb, weiß
Höhe	120 bis 200 cm
Wuchs	straff aufrecht

Garten-Astilbe

Astilbe × arendsii

Für Bienen und Hummeln sind Astilben aufgrund ihrer späten Blütezeit, die sich in einem warmen und regenreichen Sommer bis in den Oktober hinein strecken kann, attraktiv. Die Stauden bieten über lange Zeit Nektar und Pollen. Typisch für Astilben ist das Blattnest, über dem sich die Blüten auf festen Stielen entfalten. Viele kleine Einzelblüten bilden eine locker aufgebaute Rispe, das ist die typische Blüte der Astilbe. Die glänzend grünen Blätter sind fein gefiedert. Die Astilbe breitet sie meist flach aus, so entsteht das Nest aus Blättern, das fast während des gesamten Jahres zu sehen ist.

Standort: Leichter Schatten, sonnige Plätze nur, wenn die Wasserversorgung sehr gut ist, Trockenheit vertragen Astilben nicht. Der Boden sollte humos und nährstoffreich sein.

Pflege: Astilben brauchen keine besondere Pflege, die Blütenstände erst im Frühjahr vor dem neuen Austrieb zurückschneiden.

Gute Partner: Farne, Primeln.

Tipp: *Für den Garten werden viele verschiedene Astilbearten angeboten, darunter sind auch deutlich kleinere, die sich auch für die Bepflanzung von Kübeln und Kästen eignen.*

Die Garten-Astilbe ist eine der wenigen Pflanzen, die auch im Halbschatten ein Angebot für Bienen und Hummeln bereithalten.

Blütezeit	Juli bis September
Blütenfarbe	weiß, rosa, violett, rot
Höhe	60 bis 120 cm
Wuchs	aufrecht, kleine Horste bildend

Besen-Heide

Calluna vulgaris

Die Besen-Heide gehört zu den wichtigsten Pflanzen für die Ernährung von Bienen und Hummeln im Herbst. Besen-Heide ist ein kleines Gehölz mit zähen elastischen Trieben. Früher nutzten die Menschen in den Heidelandschaften diese Triebe, um aus ihnen sehr haltbare Besen zu binden, daher kommt der eigenwillige deutsche Name. Besen-Heide eignet sich natürlich auch für die Anpflanzung im Garten oder auf Balkonen und Terrassen. Doch Vorsicht: Bei den ab August angebotenen Heidepflanzen handelt es sich mittlerweile fast ausschließlich um sogenannte „Knospenblüher". Sie halten ihre Farbe lange, aber die Blüten öffnen sich nicht. Für Bienen und Hummeln bieten diese Heidesorten nichts. Um die richtigen, klassischen Besen-Heide-Pflanzen zu finden, muss man heute leider intensiv suchen. Am richtigen Standort halten sie sich aber sehr lange im Garten, deshalb lohnt die Mühe.

Bienen und Hummeln lieben die einfachen Blüten der klassischen Besen-Heide.

Standort: Sonnig, Böden durchlässig, gern sandig oder humos, aber mit guter Wasserversorgung.

Pflege: Besen-Heide nach der Blüte zurückschneiden, um die neue Blüte zu fördern und die Größe der Pflanze zu regulieren.

Gute Partner: Andere Heidearten, kleine Gräser.

Tipp: *Ein Heidegarten mit verschiedenen Arten bietet fast während des gesamten Jahres einen Lebensraum für Bienen und Hummeln.*

Blütezeit	August bis Anfang Oktober
Blütenfarbe	rosa, violett, weiß
Höhe	20 bis 60 cm
Wuchs	aufrecht buschig

Clandon-Bartblume

Caryopteris × clandonensis

Die Bartblume ist ein kleines Gehölz, das seine eigenwillig geformten mittelblauen Blüten in kleinen Büscheln an den Triebspitzen zeigt. Dieser Blütenform mit den heraushängenden Staubgefäßen, die an die Enden eines langen Bartes erinnern, verdankt die Pflanze ihren deutschen Namen. Bienen und Hummeln wissen die Bartblume sehr zu schätzen. Weil sie sich willig schneiden lässt und den Schnitt im Winter auch braucht, um im Sommer immer wieder intensiv zu blühen, passt die Bartblume in kleine Gärten, aber auch in Kübel und Kästen auf Balkonen und Terrassen.
Wie alle Gehölze kann sie am passenden Standort sehr alt werden.

Standort: Vollsonnig, mag alle normalen Gartenböden. In sehr kalten Lagen Vlies als leichten Winterschutz verwenden.

Pflege: Im Frühjahr, bevor sich der Austrieb zeigt, die Pflanze um zwei Drittel zurückschneiden. Die Blüten erscheinen nur am neuen Trieb, deshalb ist der Rückschnitt so wichtig.

Gute Partner: Flach wachsende Stauden und kleine Gehölze, die den Standort ebenfalls mögen.

Tipp: *Die Bartblume bietet Bienen und Hummeln noch schmackhafte Pollen, wenn viele Pflanzen sich bereits in den Herbst zurückgezogen haben.*

Die eigenwillig gestalteten Blüten der Bartblume locken mit einem großen Angebot an Pollen und Nektar.

Blütezeit	August bis September, teils bis Oktober
Blütenfarbe	verschiedene Blautöne
Höhe	50 bis 100 cm
Wuchs	kompakt buschig, viele Triebe

Purpur-Sonnenhut

Echinacea purpurea

Der Purpur-Sonnenhut bietet Bienen und Hummeln mit seinem großen Körbchen in der Mitte der Blüte ideale Landemöglichkeiten. Typisch ist, dass die Blütenblätter dieser Staude leicht herabhängen – das ist kein Zeichen von Krankheit oder Unwohlsein, sondern die ganz eigene Note des Purpur-Sonnenhutes. Dieser Blütenform, die an einen Hut erinnert, verdankt die Staude ihren deutschen Namen. Die farbenprächtige Pflanze stellt Nektar und Pollen im Hochsommer zur Verfügung, wenn nur wenige andere für Bienen und Hummeln interessante Gewächse blühen. Der Purpur-Sonnenhut ist eine beliebte Heilpflanze, deren Inhaltsstoffe zum Beispiel gegen Erkältungen helfen sollen.

Der Purpur-Sonnenhut ist auch dank seiner bequemen Landefläche bei Bienen und Hummeln gleichermaßen beliebt.

Standort: Sonnig und warm, der Boden sollte nährstoffreich und durchlässig sein.

Pflege: Rückschnitt im Frühjahr vor dem neuen Austrieb. Der Purpur-Sonnenhut braucht keine weitere Pflege, er verträgt auch gelegentliche Trockenheit.

Gute Partner: Beetstauden, die den Standort ebenfalls mögen.

Tipp: *Weiß blühende Sorten wie ‚Alba' werden von Bienen und Hummeln ebenso gern besucht wie die rosafarbene Variante.*

Blütezeit	Juli bis September
Blütenfarbe	Rosa- und Rottöne oder weiß, mit braunroter Mitte
Höhe	70 bis 100 cm
Wuchs	aufrecht, horstbildend

Schling-Knöterich

Fallopia baldschuanica

Der Schling-Knöterich treibt den einen oder anderen Gartenfreund mit seinem rasanten Wachstum zur Verzweiflung, doch aus Sicht von Bienen und Hummeln ist er eine vorzügliche Nahrungsquelle, die bis weit in den Herbst hinein zur Verfügung steht. Der Schling-Knöterich wächst pro Jahr bis zu 5 m, doch weil er sich einfach schneiden lässt, stellt dieses Wachstum auch in kleinen Gärten oder sogar auf Balkonen und Terrassen kein großes Problem dar. Das Gehölz nimmt außerdem jede Form der Kletterhilfe dankbar an – und wenn keine vorhanden ist, sucht es sich seine Aufstiegshilfe einfach selbst und überzieht Mauern, Gartenzäune und auch die eine oder andere unschöne Ecke schnell mit sattgrünem Laub und den duftig wirkenden weißen Blüten. Mittlerweile ist der Schling-Knöterich auch verwildert in der Landschaft zu finden.

Standort: Vollsonnig bis halbschattig, im Schatten nur sehr wenig Blüten. Jeder normale Gartenboden ist recht, Trockenheit wird vertragen.

Pflege: Bei Bedarf Rückschnitt der Triebe im Januar oder Februar bis auf den Boden.

Gute Partner: Wegen des starken Wachstums Einzelstellung notwendig.

Tipp: *Der rasch wüchsige Schling-Knöterich muss öfter durch Schnitt gebremst werden, ist dafür aber auch ein fleißiger Helfer, wenn Sie größere Flächen möglichst schnell begrünen möchten.*

Bienen und Hummeln lieben den wuchsfreudigen Schling-Knöterich.

Blütezeit	Juli bis Oktober
Blütenfarbe	weiß
Höhe	8 bis 15 m
Wuchs	Schlingpflanze

Sonnenblume

Helianthus annuus

Die Sonnenblume ist der Inbegriff des Sommers. Sonnenblumen sind einjährig, sie müssen in jedem Jahr neu ausgesät werden, doch sie keimen leicht und wachsen extrem schnell. Bienen und Hummeln lieben die großen Blüten mit den leuchtend gelben Blütenblättern und der braunen Scheibe in der Mitte, weil sie reichlich Nektar und Pollen bieten. Dank Züchtung gibt es mittlerweile auch Sonnenblumen für kleine Gärten sowie Balkone und Terrassen mit einer Höhe von 40 bis 60 cm. Wer nicht selbst aussähen will, findet im Sommer immer eine große Auswahl an Sonnenblumen im Handel. Dabei sind die einfach blühenden Sorten für Bienen und Hummeln interessant – gefüllte sehen zwar schön aus, bieten den Insekten aber leider keine Nahrung.

Standort: Sonnig und warm, Boden nährstoffreich.

Pflege: Weil Sonnenblumen so schnell wachsen, ständig auf gute Wasser- und Düngerversorgung achten. Samen können nach der Blüte leicht selbst gewonnen werden, auch Vogelfutter ist ein guter Samenlieferant.

Gute Partner: Einjährige Sommerblumen, Geranien.

Tipp: *Einfach zu pflegende Pflanze für Garteneinsteiger mit einem Herz für Bienen und Hummeln.*

Mit ihren üppigen, weithin leuchtenden Blütenkörben sind Sonnenblumen auch für Bienen und Hummeln wahre „Sommer-Hits" mit einer reichen Nahrungsquelle.

Blütezeit	Juli bis September
Blütenfarbe	leuchtend gelb, mit rotbrauner Mitte
Höhe	meist 1 bis 2 m, seltener bis 3 m
Wuchs	straff aufrecht

Gewöhnliche Goldnessel

Lamium galeobdolon

Die Goldnessel sieht aus wie eine Brennnessel, aber sie ist harmlos und hat keine Brennhaare. Sie ist eine enge Verwandte der ebenfalls harmlosen Taubnessel mit weißen Blüten, die in der freien Landschaft oft wild zu sehen ist. Die Goldnessel hat gelbe Blüten und frischgrünes Laub. Die älteren Blätter bilden vor allem an halbschattigen Plätzen eine sehr dekorative graue Zeichnung aus, die auch im Winter für Farbe im Garten sorgt. Hummeln sind die größten Freunde der Goldnessel, aber auch Bienen wissen ihr Angebot an Nektar und Pollen zu schätzen. Die Staude ist ein Fall für geübte Gärtner – sie wuchert stark und duldet keine Nachbarn. Dafür bietet sie den Insekten auch an schwierigen Standorten im Garten Nahrung.

Standort: Halbschattig bis schattig, keine besonderen Ansprüche an den Boden, kommt auch mit dem Wurzeldruck größerer Gehölze zurecht.

Pflege: Goldnesseln brauchen keine besondere Pflege, sie sollten aber nur an Plätze gesetzt werden, an denen sie andere Pflanzen nicht stören.

Gute Partner: Große Gehölze.

Tipp: *Unverzichtbar für Freunde der Hummeln.*

Die gelben Blüten der Goldnessel sind auch im Halbschatten zu sehen, Bienen und Hummeln freut das besonders.

Blütezeit	Mai bis August
Blütenfarbe	gelb
Höhe	20 bis 30 cm
Wuchs	aufrecht, wuchernd

Echter Lavendel

Lavandula angustifolia

Der blauviolett blühende Lavendel ist der Inbegriff einer mediterranen Pflanzenwelt. Der kleine Halbstrauch aus dem Mittelmeerraum verströmt einen intensiven Duft, dem Insekten nicht wiederstehen können. Durch Schnitt lässt sich diese Schönheit mit ihren immergrünen Blättern und schlanken Blütenähren zähmen und auch in kleinen Gefäßen sowie auf Balkon oder Terrasse halten.

Standort: Lavendel braucht einen warmen und sonnigen Platz. In kalten und nassen Jahren bilden sind weniger Blüten. An den Boden stellt die Pflanze keine besonderen Ansprüche, er sollte aber durchlässig sein, weil Staunässe nicht vertragen wird.

Insekten lieben die blauvioletten Blüten des aromatischen Lavendels.

Pflege: Abgesehen von Schnitt kommt Lavendel in normalen Jahren ohne weitere Pflege aus. In heißen Perioden braucht er zusätzliches Wasser, in sehr kalten Lagen mit viel Kahlfrost sollten Neupflanzungen im ersten Jahr mit einem Vlies als Winterschutz versehen werden. Wichtigste Pflegemaßnahme ist der Schnitt, der direkt nach der Blüte erfolgt. Dabei unterhalb der Blütenstiele schneiden: So sorgt man für einen kompakten Aufbau und eine reiche Blüte im nächsten Jahr.

Gute Partner: Traditionell Rosen, aber auch andere Küchenkräuter sowie Beetstauden, die sonnige Plätze lieben.

Tipp: *Verschiedene Lavendelarten bieten Bienen und Hummeln mit Blüten in Rosa oder Creme und anderen Blütezeiten Abwechslung.*

Blütezeit	Juni bis August
Blütenfarbe	blauviolett in verschiedenen Abstufungen
Höhe	40 bis 100 cm
Wuchs	breitbuschige Horste bildend

Breitblättriger Strandflieder

Limonium latifolium

Wenn der Breitblättrige Strandflieder seine duftigen Blüten ausbreitet, gibt es vor allem für Bienen kein Halten mehr, sie lieben die kleinen hellvioletten Blüten. Im Frühjahr bildet die Staude eine Rosette aus rund 60 cm langen grasgrünen Blättern, über der sich dann an langen und drahtigen Stielen die Blüten entwickeln. Wie es der deutsche Name bereits andeutet, stammt der Strandflieder ursprünglich aus sandigen Regionen entlang der Küste. Er ist hart im Nehmen und kommt auch in einem Kübel oder Kasten gut zurecht, nur zu viel Nässe mag er nicht. Strandflieder gehört zu den begehrten Schnitt- und Trockenblumen, doch nur im Garten ist er für Bienen und Hummeln attraktiv.

Standort: Sonnig und warm, der Boden muss durchlässig sein, zu viel Nässe, auch im Winter, wird nicht vertragen.

Pflege: Die Stauden in jedem dritten oder vierten Herbst teilen, damit die Blühfreude erhalten bleibt. Die Blütenstände im Frühjahr zurückschneiden. Der Strandflieder mag Kalk und sollte mit Stadtwasser gegossen werden.

Gute Partner: Rosen.

Tipp: *Auch auf einer Blumenwiese mit trockenem Boden fühlt sich der Strandflieder wohl.*

Die Blüten des Strandflieders bieten Bienen und Hummeln ergiebige und deshalb besonders gut besuchte Nahrungsquellen.

Blütezeit	Juli bis September
Blütenfarbe	hellviolett
Höhe	bis 60 cm
Wuchs	aufrecht buschig

Gewöhnlicher Blut-Weiderich

Lythrum salicaria

Der Blut-Weiderich ist eine einheimische Staude, die feuchte Böden liebt. Deshalb ist er in der freien Landschaft an Gräben und Teichrändern zu finden. Selbstverständlich ist der beste Platz im Garten für diesen Nektarlieferanten somit eine feuchte Stelle oder gleich der Teichrand. Doch auch im Staudenbeet kommt der Blut-Weiderich zurecht, wenn er regelmäßig gegossen wird, Trockenheit verträgt er natürlich nicht. Im Handel erhältliche Stauden sind tolerante Auslesen, die notfalls auch mit etwas weniger Feuchtigkeit auskommen als die eigentliche Art. So steht einem langen Gartenleben nichts mehr im Weg, selbst in Schalen oder Wannen mit ein wenig Wasser wächst die Pflanze willig. Der deutsche Name Blut-Weiderich leitet sich übrigens von seinen Eigenschaften als Heilpflanze ab: Vor allem die schmalen weidenförmigen Blätter sind wirksame Mittel zur Blutstillung.

Blut-Weiderich spendet Bienen auch an feuchten Standorten Nektar.

Standort: Sonnig bis halbschattig, Boden gern lehmig und feucht, auch ständige Nässe wird vertragen.

Pflege: Mit Ausnahme der Wasserversorgung braucht der Blut-Weiderich keine besondere Pflege, Blütenstände im Frühjahr zurückschneiden.

Gute Partner: Sumpfpflanzen, Beetstauden.

Tipp: *Blut-Weiderich ist ein Spezialist für feuchte Bereiche, auch dort müssen Bienen und Hummeln also nicht leer ausgehen.*

Blütezeit	Juni bis September
Blütenfarbe	purpurviolett, rosa, rot
Höhe	50 bis 200 cm
Wuchs	aufrecht buschig, horstbildend

Bienenfreund

Phacelia tanacetifolia

Beim Bienenfreund ist der deutsche Name Programm: Reichlich Nektar und Pollen, den die lange blühenden einjährigen Pflanzen bieten, sorgen für ein reiches Angebot für Bienen und Hummeln. Der Bienenfreund mit seinen feinen sattgrünen Blättchen und den blauen Blütenbüscheln ist eine bekannte Pflanze für die Gründüngung, allerdings wird er dann vor der Blüte untergegraben. Er wächst schnell, fünf bis sechs Wochen dauert es von der Aussaat bis zur Blüte, ausgesät werden kann ab Mitte Mai. Wer ständig Nachschub für Bienen und Hummeln liefern will, staffelt die Aussaat über mehrere Monate bis Anfang August und bekommt blühenden Bienenfreund bis weit in den Oktober hinein. Weil die Pflanzen nicht winterhart sind, erfrieren sie mit dem ersten Frost: Doch bis dahin bieten sie einen reich gedeckten Tisch für die Insekten.

Standort: Sonnig und warm, Boden gern mager, Trockenheit wird vertragen.

Pflege: Der Bienenfreund braucht keine besondere Pflege, die Samen können warme Winter überstehen und sich dann selbst aussäen.

Gute Partner: Wiesenblumen.

Tipp: *Für Bienen und Hummeln eine sehr gute Ergänzung für eine Blumenwiese.*

Beim Bienenfreund ist der Name Programm: Aus Sicht der Insekten sind diese Blüten ein Muss.

Blütezeit	Juni bis Oktober
Blütenfarbe	hellblau bis lavendelfarben
Höhe	30 bis 120 cm
Wuchs	aufrecht buschig

Blaue Himmelsleiter

Polemonium caeruleum

Die wunderschönen schalenförmigen oder glockigen Blüten der Blauen Himmelsleiter sind nicht nur eine Augen-, sondern vor allem auch eine Bienenweide. Der Name der auch Jakobsleiter genannten beliebten Beetpflanze mit kleinen, leiterartig angeordneten Fiederblättern leitet sich von der Himmelsleiter ab, die Jakob laut der biblischen Erzählung in einer Traumvision erblickt. Mit seiner romantischen Aura passt das hochwachsende himmelblaue Blütenwunder auch hervorragend in naturnahe Bauerngärten, wo sich die unkomplizierte Staude mit ihrer Vorliebe für frische bis feuchte Standorte selbstverständlich an einem Teichrand besonders wohlfühlt.

Die leuchtend blauen Blüten der Himmelsleiter ziehen Bienen und Hummeln magisch an.

Standort: Sonnig bis halbschattig, bevorzugt durchlässige, mäßig nährstoffreiche, humose Böden, gern frisch bis feucht.

Pflege: Verblühte Pflanzenteile abschneiden, damit es zu einer Nachblüte kommt und sich die Pflanze nicht selbst aussät.

Gute Partner: Andere Stauden, die sich in feuchten Böden wohlfühlen, wie Blut-Weiderich, Trollblumen und Akelei.

Tipp: *Die blaue Schönheit ist in gemischten Sommerstaudenbeeten immer ein Hingucker.*

Blütezeit	Juni bis Juli
Blütenfarbe	blau
Höhe	40 bis 80 cm
Wuchs	aufrecht, horstbildend

Hunds-Rose

Rosa canina

Die Hunds-Rose ist eine Wildrose, die in der freien Landschaft vorzugsweise an Waldrändern wächst. Wo sich ihr die Möglichkeit bietet, klettern die langen elastischen Triebe mit dem graugrünen Laub auch. Rosen sind Spreizklimmer, das bedeutet, dass sie eine Aufstiegshilfe in Form eines Spaliers benötigen. Mit der Blütezeit im Hochsommer stellt die Hunds-Rose ein willkommenes Angebot für Bienen und Hummeln dar. Die fünfteiligen, einfachen und leicht duftenden Rosenblüten werden gern und intensiv besucht. Nach der Blüte bilden sich leuchtend rote Hagebutten, die den Vögeln bis weit in den Winter hinein Nahrung bieten. Diese Hagebutten sind essbar und ein beliebtes Hausmittel bei Erkältungskrankheiten. Die Hunds-Rose lässt sich wie alle Rosen gut und willig schneiden, deshalb passt sie auch in kleine Gärten.

Standort: Sonnig bis halbschattig, Boden gern nährstoffhaltig.

Pflege: Als Wildrose braucht die Hunds-Rose keine spezielle Pflege, wird sie zu groß, kann sie im Januar oder Februar geschnitten werden, auch extremer Rückschnitt bis auf wenige Zentimeter über dem Boden ist möglich.

Gute Partner: Häufig wird die Hunds-Rose als Teil von Vogelschutz- und Bienennährgehölzen in freiwachsende Hecken an den Rand des Gartens gepflanzt.

Tipp: *Die wilde Schönheit bietet Bienen und Hummeln mehr als gefüllte Gartenrosen.*

Die Hunds-Rose lockt Bienen und Hummeln bereits im Frühsommer mit Pollen und Nektar.

Blütezeit	Juni bis Juli
Blütenfarbe	hellrosa bis rötlich, weiß
Höhe	meist 2 bis 3 m
Wuchs	Strauch, klettert

Kartoffel-Rose

Rosa rugosa

Die Kartoffel-Rose verdankt ihren deutschen Namen dem Laub, das in Farbe und Form an die Blätter von Kartoffeln erinnert. Das kleine Gehölz ist eine einmalblühende Strauchrose mit einer extrem langen Blütezeit. Die leicht duftenden Blüten mit fünf großen Blütenblättern erscheinen in warmen Jahren bis weit in den Herbst hinein, blühende Kartoffel-Rosen im Oktober sind keine Seltenheit. Diese lange Blütezeit wissen Bienen und Hummeln sehr zu schätzen, weil das Nahrungsangebot im Herbst immer knapper wird. Kartoffel-Rosen wachsen recht langsam, sie eigenen sich deshalb auch sehr gut für kleine Gärten und können sogar in einem Kübel auf Terrassen und Balkonen wachsen. Sie entwickelt nach der Blüte auffällig große Hagebutten, die für Vögel ein beliebtes Winterfutter sind.

Standort: Sonnig bis halbschattig, wächst auch auf sandigen Böden, wenn die Wasserversorgung stimmt, Trockenheit wird nicht gut vertragen.

Pflege: Kartoffel-Rosen brauchen als Wildrosen keine besondere Pflege, Rückschnitt im Januar oder Februar ist möglich, aber nicht zwingend erforderlich.

Gute Partner: Stauden und Gehölze, die sich am Standort wohlfühlen.

Tipp: *Mit ihrer Wuchshöhe eignet sich die robuste Kartoffel-Rose auch hervorragend als kleine blühende Hecke.*

Wegen ihrer langen Blütezeit ist die Kartoffel-Rose bei Bienen und Hummeln besonders begehrt.

Blütezeit	Juni bis Oktober
Blütenfarbe	dunkelrosa bis weiß
Höhe	bis 1,5 m
Wuchs	Strauch

Linde

Tilia

Linden mit ihren intensiv duftenden Blüten gehören zu den Bäumen, die für Bienen und Hummeln am wichtigsten sind. Dabei ist es den Insekten gleich, ob es sich um die im Juni blühende Sommer-Linde *(Tilia platyphyllos)* oder die erst im Juli zur Blüte kommende Silber-Linde *(T. tomentosa)* oder die ebenfalls im Juli blühende Winter-Linde *(T. cordata)*, handelt. Alle Linden sind aus Sicht von Bienen und Hummeln Lieferanten von reichlich Nektar und Pollen. Für den Hausgarten eignet sich aber vor allem die etwas langsam wachsende Winter-Linde, die mit einer Höhe von 15 m noch Vorgartenformat hat.

Standort: Sonnig bis halbschattig, Boden gern humos und nährstoffreich, kommt aber auch mit jedem Gartenboden zurecht.

Pflege: Mit Ausnahme des Schnitts bei Spalieren brauchen Linden keine weitere Pflege, wichtigste Arbeit ist das Kehren des Laubes im Herbst.

Gute Partner: Schattenliebende Stauden.

Tipp: *Die verschiedenen Lindenarten werden auch als Spaliere angeboten, die durch Schnitt im Gartenformat bleiben. Diese Formen sollten in jedem zweiten oder dritten Winter geschnitten werden – wer sich nicht selbst an den Schnitt traut, beauftragt damit Fachleute.*

Lindenblüten sind für Bienen und Hummeln eine besondere Attraktion im Sommer, wenn das Nahrungsangebot nicht allzu üppig ist.

Blütezeit	Juni bis Juli
Blütenfarbe	cremefarben
Höhe	15 bis 40 m
Wuchs	Baum mit breiter, dichter Krone

Große Kapuzinerkresse

Tropaeolum majus

Die einjährige Kapuzinerkresse ist mit ihren großen Blütenblättern mit dem typischen Sporn auf der Rückseite vor allem bei Wildbienen beliebt. Kapuzinerkresse gibt es als buschig bis niederliegend wachsende Züchtungen und als Klettergewächs mit einem rasanten Wachstum, bei dem 2 bis 3 m lange Triebe in einem warmen Sommer keine Seltenheit sind. Die großen, fast kreisrunden Blätter und die Blüten sind essbar und eine willkommene Zugabe zu frischen Salaten.

Die leuchtenden Blüten der Kapuzinerkresse werden von vielen Bienen und Hummeln gern besucht.

Aus Sicht von Bienen und Hummeln zählt aber vor allem die lange Blütezeit, in warmen Jahren sind auch noch im Oktober Blüten zu sehen. Allerdings verträgt die Kapuzinerkresse keinen Frost, deshalb wird sie auch erst nach den Eisheiligen rund um den 15. Mai in den Garten gepflanzt.

Standort: Vollsonnig und warm, geringer Nährstoffbedarf, verträgt Trockenheit, jeder Gartenboden ist recht.

Pflege: Die Kapuzinerkresse braucht keine besondere Pflege, Anzucht im warmen Zimmer aus Samen ist einfach, nicht vor dem 15. Mai ins Freie pflanzen.

Gute Partner: Stauden, Geranien.

Tipp: *Für Garteneinsteiger mit einem Herz für Bienen und Hummeln bestens geeignet.*

Blütezeit	Juli bis Oktober
Blütenfarbe	gelb, orange, rot, seltener auch cremefarben
Höhe	15 bis 30 cm, rankende Sorten bis 3 m
Wuchs	buschig niederliegend bis hängend oder mit Ranken kletternd

Chinesischer Blauregen

Wisteria sinensis

Der Blauregen ist eine Kletterpflanze, die langsam wächst, aber sehr alt werden kann. Aus Sicht von Bienen und Hummeln bietet sie mit der Hauptblüte im Mai und der zweiten, etwas schwächeren Blüte im August ein besonders attraktives Angebot an Nektar und Pollen. Vor allem Hummeln lieben die blauvioletten Blüten, die in langen Trauben an den Pflanzen hängen. Der Blauregen gehört zu den Schlingpflanzen, die sich mit bis zu armdicken Trieben um ihre Kletterhilfe schlingen, entsprechend stabil müssen Spaliere oder Drähte als Aufstiegshilfe sein. Gern werden an der Hauswand Regenrinnen zum Schlingen genutzt, doch weil der Blauregen dabei nicht sanft mit dem Metall umgeht, kann er die Rinnen leicht zerquetschen. Weil der Blauregen langsam wächst, lassen sich solch kleine Probleme durch rechtzeitiges Leiten der Triebe verhindern.

Standort: Vollsonnig bis halbschattig, jeder Gartenboden ist recht.

Pflege: Bis auf das Leiten von Trieben in die gewünschte Wuchsrichtung braucht der Blauregen keine besondere Pflege, im Januar oder Februar ist Schnitt möglich.

Gute Partner: Das ebenfalls blau blühende Hasenglöckchen als Unterpflanzung.

Hinweis: Sehr stabile Kletterhilfen nötig; in allen Teilen giftig!

Tipp: *Sehr edle und dekorative Weide für Bienen und Hummeln, die auch gern zum Begrünen von Pergolen verwendet wird.*

Der Blauregen breitet sein Angebot für Bienen und Hummeln als Kletterpflanze bis in große Höhen aus.

Blütezeit	Mai und August
Blütenfarbe	blauviolett
Höhe	bis 10 m
Wuchs	Schlingpflanze

Herbst-Anemone

Anemone hupehensis

Die Herbst-Anemone bedient Bienen und Hummeln teilweise bis in den November hinein mit dem begehrten Pollen, den die Insekten als Futter für den Winter brauchen. Herbst-Anemonen sind aus Kreuzungen verschiedener spät blühender Arten entstanden, deshalb können sie recht unterschiedlich aussehen. Die Blätter sind aber immer dreigeteilt, sie bilden ein dichtes Nest, aus dem die langen und straffen Blütentriebe erscheinen. Die schalenförmigen Blüten mit immer fünf Blütenblättern wachsen in lockeren Rispen am Ende der Stiele. Auffällig ist bei allen Varianten der dichte gelbe Kranz aus Staubgefäßen mit viel Pollen in der Blütenmitte. Herbst-Anemonen breiten sich mit Hilfe von Wurzelausläufern langsam aus, aber sie wuchern nicht.

Das späte Pollenangebot der Herbst-Anemone wissen nicht nur die Nachzügler unter den Bienen und Hummeln zu schätzen.

Standort: Halbschattig, sonnige Plätze werden nur bei guter Wasserversorgung vertragen. Der Boden sollte humos und nährstoffreich sein.

Pflege: Die Herbst-Anemone braucht keine besondere Pflege, Blütenstiele im Frühjahr vor dem neuen Austrieb zurückschneiden. Im ersten Wintern nach der Pflanzung ist leichter Frostschutz in Form eines Vlieses sinnvoll.

Gute Partner: Astilbe, Gräser, Farne.

Tipp: *Anemonen treiben sehr spät aus, deshalb sollte ihr Standort markiert werden.*

Blütezeit	August bis Oktober
Blütenfarbe	hell- bis dunkelrosa, weiß
Höhe	30 bis 100 cm, selten bis 120 cm
Wuchs	aufrecht buschig

Glattblatt-Aster

Aster novi-belgii

Neben der weit verbreiteten Glattblatt-Aster stehen weitere Herbst-Astern zur Verfügung, die alle gute Weiden für Bienen und Hummeln sind, wenn sie einfach blühen. Glattblatt-Astern sind wie alle Herbst-Astern Stauden, deren Triebe mit länglichen Blättern bestückt sind. Die Blüten erscheinen einzeln an den Enden der Triebe, immer haben sie eine leuchtend gelbe Mitte, die von feinen farbigen Blütenblättern umgeben ist. Glattblatt-Astern eignen sich nicht nur für die Pflanzung im Garten, sie können auch in einem Kübel auf Balkon und Terrasse wachsen. Neuere und noch kompaktere Sorten haben leider fast immer gefüllte Blüten, die für Bienen und Hummeln uninteressant sind.

Standort: Sonnig, aber nicht zu warm, der Boden sollte nährstoffreich und feucht sein.

Pflege: Alle Herbst-Astern wachsen von der Mitte nach außen, nach zwei oder drei Jahren ist die Mitte dann kahl und die Stauden fallen schnell auseinander. Die Astern deshalb in jedem dritten Jahr nach der Blüte ausgraben, teilen und neu aufpflanzen. Sonst brauchen alle Herbst-Astern keine besondere Pflege.

Gute Partner: Heidepflanzen, Gräser.

Tipp: *Das üppige Nektar- und Pollenangebot dieser herbstlichen Bienenweide wissen alle Bienen und Hummeln zu schätzen.*

Die Glattblatt-Aster ist eine von mehreren Herbst-Astern, deren Blüten bei Bienen und Hummeln hoch im Kurs stehen.

Blütezeit	September bis Oktober
Blütenfarbe	hellblau, violett, rosa, weiß
Höhe	80 bis 160 cm
Wuchs	buschig

Cornwall-Heide

Erica vagans

Die Cornwall-Heide gehört zu den weniger bekannten Heidearten, die wegen ihrer hohen Nektar- und Pollenproduktion bei Bienen und Hummeln aber gut ankommt. Die Landesblume der Grafschaft Cornwall im Südwesten Englands ist ein kleines und langlebiges Gehölz mit dunkelgrünen Blättern, die wie Nadeln aussehen. Die Blütenglöckchen bilden sich an den Spitzen der Triebe in Form eines umgekehrten Kegels. Diese Eigenschaft sorgt für eine sehr gute Farbwirkung im Garten. Die Cornwall-Heide breitet sich gern aus, oft beträgt ihre Breite deutlich mehr als die Höhe.

Die Cornwall-Heide ergänzt das herbstliche Nahrungsangebot für Bienen und Hummeln sehr gut.

Standort: Sonnig und gern windgeschützt, durchlässige humose Böden mit einem neutralen bis leicht alkalischen pH-Wert. Trockenheit wird nicht vertragen.

Pflege: Ein leichter Rückschnitt der neuen Triebe im April oder Mai sorgt für besonders viele Blüten, weil diese Heide am jungen Holz blüht. Außerdem verkahlt die Cornwall-Heide dank dieses Schnittes nicht so schnell und behält ihren kompakten Wuchs.

Gute Partner: Heidepflanzen, Gräser.

Tipp: *Im Gegensatz zur Besen-Heide ist die Cornwall-Heide weniger von Züchtern bearbeitet, deshalb blüht sie einfach und ist damit für die Sammler von Nektar und Pollen sehr interessant.*

Blütezeit	Juli bis September
Blütenfarbe	purpur bis rosa, weiß
Höhe	bis 60 cm
Wuchs	breitbuschig

Strauch-Efeu

Hedera helix ‚Arborescens'

Efeu gehört zu den bekanntesten einheimischen Kletterpflanzen, er ist ein immergrünes Gehölz, das von allein mit Hilfe von speziellen Haftfüßchen große Höhen erobert und sich dabei mit der Blüte viel Zeit lässt. Erst die Altersform, die Botaniker mit dem Sortennamen ‚Arborescens' – also baumförmig – bezeichnen, blüht. Mit der Blüte, die erst ab dem zehnten oder zwölften Lebensjahr einsetzt, verändert der Efeu auch sein Aussehen: Die typischen herzförmigen Blätter werden deutlich größer und glänzen stärker, die Triebe bilden mehr Holz und erhalten einen stärkeren Durchmesser. Bienen und Hummeln lieben die unscheinbaren gelbgrünen Blüten des Efeus, die am Ende der Triebe kleine Kugeln bilden. Weil sich die Altersform des Efeus durch Stecklinge vermehren lässt, kann man den Strauch-Efeu als blühbereites Gewächs kaufen.

Standort: Halbschattig bis schattig, sonnige Plätze bei guter Wasserversorgung, fühlt sich in allen normalen Gartenböden wohl.

Pflege: Der Strauch-Efeu braucht keine besondere Pflege.

Gute Partner: Alle Gehölze und Stauden, die den gleichen Standort schätzen.

Hinweis: Vorsicht, kann Fassaden schädigen; in allen Teilen giftig!

Tipp: *Geduld wird mit einem reichen Nahrungsangebot für Bienen und Hummeln belohnt.*

Die unscheinbaren Blüten der Altersform des Efeus sind im Herbst wichtige Pollen- und Nektarspender.

Blütezeit	September bis Oktober
Blütenfarbe	gelbgrün
Höhe	jeweils 80 bis 150 cm
Wuchs	breitbuschig

Blaue Lupine

Lupinus angustifolius

Die Blaue Lupine gehört zu den wichtigen Pflanzen für die Gründüngung im Garten mit dem erfreulichen Nebeneffekt eines guten Nektar- und Pollenangebotes für Bienen und Hummeln. Damit die Insekten auch etwas von der Blütenpracht haben, gräbt man die Pflanzen nicht vor der Blüte unter, sondern verarbeitet sie erst im nächsten Frühjahr. Blaue Lupinen wachsen recht schnell, von der Aussaat bis zur Blüte brauchen sie etwa 10 Wochen. Werden sie nach dem Frühgemüse im Juni ausgesät, können sie im Herbst begehrte Nahrung für Bienen und Hummeln liefern. Lupinen kennen viele Gartenfreunde auch als prächtige Stauden in verschiedenen Farben – leider sind diese Gewächse jedoch nicht sehr langlebig, sie müssen spätestens in jedem dritten Jahr erneuert werden. Die Blaue Lupine säht sich hingegen selbst aus, wenn sie die Möglichkeit dazu hat, deshalb ist sie auch eine gute Pflanze für eine bunte Blumenwiese.

Lupinen-Blüten sind bei Bienen und Hummeln begehrt, weil sie über einen langen Zeitraum Pollen und Nektar bieten.

Standort: Sonnig und warm, Boden nährstoffreich und feucht.

Pflege: Die Blaue Lupine braucht keine besondere Pflege.

Gute Partner: Wiesenblumen.

Tipp: *Ständiges Säen ab Mai sorgt für einen immer reich gedeckten Tisch für Bienen und Hummeln.*

Blütezeit	Juni bis Oktober
Blütenfarbe	blau bis blauviolett
Höhe	40 bis 80 cm
Wuchs	aufrecht

Fingerstrauch

Potentilla fruticosa

Der Fingerstrauch ist ein unterschätztes Gehölz, das man sehr oft in Gärten und Parks sieht. Die kleinen Gehölze wirken bescheiden, doch für Insekten bieten sie bis weit in den Oktober hinein Nahrung. Der Fingerstrauch gehört zur Familie der Rosengewächse, deshalb erinnern seine schalenförmigen Blüten auch an die einfach blühender Rosen. Als Gewächse der nördlichen Halbkugel sind Fingersträucher bei uns absolut winterhart. Es gibt sehr viele verschiedene Sorten, die in ihrer Blütenfarbe und Wuchshöhe deutlich variieren. Darunter sind auch Zwerge mit knapp 50 cm Höhe, die sich für Kübel und Kästen besonders eignen.

Standort: Sonnige und warme Plätze sorgen für die meisten Blüten, im Halbschatten lässt die Blühfreude deutlich nach. Jeder normale Gartenboden ist dem kleinen Gehölz recht.

Pflege: Fingersträucher gelten als wenig langlebig. Damit sie auch nach mehreren Jahren wachsen und intensiv blühen, müssen sie in jedem zweiten oder dritten Frühjahr bis auf ein Drittel des Holzes zurückgeschnitten werden. So erhält man Gesundheit und Lebenskraft der Gehölze und vermeidet Probleme mit Spinnmilben und echtem Mehltau.

Gute Partner: Rosen und Stauden, aber auch andere Gehölze, die sonnige Plätze lieben. Gern im Vordergrund eines Beetes.

Tipp: *Die Sorte ‚Jolina' bietet Bienen und Hummeln sogar bis in den November hinein Nahrung.*

Die ungefüllten Schalenblüten des Fingerstrauchs sind bei Bienen und anderen Nützlingen sehr beliebt.

Blütezeit	Mai/Juni bis Oktober, abhängig von den Sorten
Blütenfarbe	gelb, weiß, rosa, verschiedene rote und braune Töne
Höhe/Breite	50 bis 120 cm hoch, gern ebenso breit
Wuchs	aufrecht, dicht verzweigt

Purpur-Fetthenne

Sedum telephium

Mit leuchtend rosa Blütenständen fällt die Purpur-Fetthenne nicht nur uns Menschen auf, Bienen und Hummeln liefert sie im Herbst eine reiche Nahrungsquelle. Die Fetthenne ist eine bekannte Gartenpflanze, sie gehört zu den Dickblattgewächsen, die in ihren Blättern und Stielen Wasser speichern und so auch einmal längere Durststrecken überstehen. Entsprechend dick fühlen sich die hellgrünen, rundlich-ovalen Blätter der Fetthenne an.

Die Purpur-Fetthenne gehört aus der Sicht von Bienen und Hummeln wegen ihres reichen Angebotes zu den schönsten Pflanzen des Herbstes.

Diesem Umstand verdankt sie zumindest das Attribut „fett" in ihrem deutschen Namen. Nicht nur im Garten macht die Fetthenne eine gute Figur, sie wächst auch willig in Kübeln und Kästen. Weil sich die Blütenstände bis weit in den Winter hinein halten, ist sie sehr lange dekorativ, als Schnittblume für herbstliche Sträuße ist die Fetthenne mittlerweile sehr begehrt.

Standort: Sonnig und warm, Boden nährstoffreich, er muss durchlässig sein, Staunässe wird nicht vertragen.

Pflege: Die Blütenstände im Frühjahr vor dem neuen Austrieb zurückschneiden.

Gute Partner: Pflanzen, die warme und sonnige Standorte schätzen.

Tipp: *Mit dem Scharfen Mauerpfeffer steht eine flache frühlingsblühende Fetthennenart zur Verfügung, die Bienen und Hummeln ebenfalls sehr schätzen.*

Blütezeit	August bis September
Blütenfarbe	rosa, braunrot, pupurrot
Höhe	40 bis 60 cm
Wuchs	aufrecht, breitbuschig

Acker-Senf

Sinapis arvensis

Der Acker-Senf gehört zu den wichtigen Pflanzen für die Gründüngung im Herbst. In rund acht Wochen entwickelt er sich von der Aussaat bis zur Blüte – und dann können Bienen und Hummeln noch einmal aus dem Vollen schöpfen. Die gelben Blüten, die an den Spitzen der Triebe entstehen, erinnern zu Recht an die Blüten des Rapses. Raps und der Acker-Senf sind Verwandte, das zeigt sich auch beim Laub, das recht ähnlich ist. Im Garten kommt die Gründüngung mit dem Acker-Senf vor allem für abgeerntete Gemüsebeete in Betracht, aber auch auf einer Blumenwiese kann der Acker-Senf seinen Platz finden. Er ist einjährig, säht sich aber recht willig selbst aus und ist im Herbst blühend auch in der freien Landschaft zu sehen. Ein ganz leichter Honigduft, der vor allem an warmen und sonnigen Tagen entsteht, macht den Acker-Senf für Bienen und Hummeln noch attraktiver.

Standort: Sonnig bis halbschattig, jeder normale Gartenboden ist ausreichend.

Pflege: Der Acker-Senf braucht keine besondere Pflege.

Gute Partner: Wiesenblumen.

Tipp: *Mit Aussaaten von Mai bis August bekommen Hummeln und Bienen ständig neue Nahrung serviert.*

Der Acker-Senf besticht mit seinen gelben und leicht nach Honig duftenden Blüten nicht nur Bienen und Hummeln.

Blütezeit	Juni bis Oktober
Blütenfarbe	gelb
Höhe	20 bis 60 cm
Wuchs	aufrecht, krautig

Echte Goldrute

Solidago virgaurea

Bienen und Hummeln lieben die eher unscheinbare, aber äußerst vielseitige Echte Goldrute, die ihnen im sonst blütenarmen Spätsommer und Herbst mit ihren zahlreichen gelben Körbchenblüten reiche Nahrung bietet. Die sehr anpassungsfähige mehrjährige Pflanze gedeiht besonders gut in naturnahen Beeten auf locker-humosen Lehmböden. Die traditionelle Färbepflanze wird auch in der Naturheilkunde geschätzt: Schon seit dem Mittelalter wird Echtes Goldrutenkraut als pflanzliches Arzneimittel unter anderem bei Nierenbeschwerden angewendet.

Die leuchtend gelben Blütenstände der Goldrute werden im Spätsommer und Herbst von Wildbienen und Hummeln gern besucht.

Standort: Sonnig und warm, wächst auch auf nährstoffarmen und trockenen Böden.

Pflege: Die sehr anspruchslose Goldrute benötigt fast keine Pflege. Wie alle Stauden kann sie nach der Blüte geteilt werden, wenn sie sich zu stark ausbreitet.

Gute Partner: Beetstauden, Wiesenblumen.

Tipp: *Die Zwerg-Goldrute, eine Unterart der Echten Goldrute, eignet sich hervorragend für den sonnigen Steingarten.*

Blütezeit	Juli bis Oktober
Blütenfarbe	gelb
Höhe	20 bis 100 cm
Wuchs	aufrecht, horstbildend

Garten-Stiefmütterchen

Viola × wittrockiana

Stiefmütterchen sind als Frühlingsblumen bekannt, doch damit tut man diesen Pflanzen auch aus der Sicht von Bienen und Hummeln Unrecht: Stiefmütterchen werden im Sommer ausgesät, ihre ersten Blüten bilden sich dann ab September. Sie blühen bis zum ersten Frost und zeigen in wärmeren Perioden auch mitten im Winter ihre Blüten. Ab März kommen Stiefmütterchen dann richtig in Fahrt, dann zeigen sie, was sie können. Die kleinblumigen Stiefmütterchen sind Kreuzungen aus dem Hornveilchen und dem klassischen großblumigen Stiefmütterchen. Die Kleinen blühen intensiver, sie vertragen die immer stärkere Wärme im Frühjahr sehr gut und sie bieten Bienen und Hummeln mehr Nektar und Pollen als ihre großen Verwandten. Auf einem herbstlichen Balkon oder im herbstlichen Garten machen sich die ersten Stiefmütterchen mit ihren kleinen Blüten, die mit der ganz speziellen Zeichnung an kleine Gesichter erinnern, auch zwischen Heide und Herbst-Astern sehr gut.

Standort: Sonne und Halbschatten, Stiefmütterchen stellen an den Boden keine besonderen Ansprüche, Trockenheit vertragen sie nicht gut.

Pflege: Stiefmütterchen brauchen keine besondere Pflege.

Gute Partner: Kissen-Astern, Besen-Heide oder Silberblatt.

Tipp: *Diese Blütenpracht säht sich zur Freude von Bienen und Hummeln im Garten recht einfach selbst aus.*

Stiefmütterchen blühen zum ersten Mal im Herbst, und das macht sie aus der Sicht von Bienen und Hummeln so interessant.

Blütezeit	September bis November, März bis April
Blütenfarbe	weiß, blau, violett, gelb, orange, rot und mehrfarbig
Höhe	bis 25 cm
Wuchs	aufrecht, kompakt buschig, horstbildend

Register

Bildnachweis

stock.adobe.com: S. 1 (© hassan bensliman), 2 (© Alekss), 3 o. (© Annett Seidler), 3 u. (© HansPeterK), 5 (© Ingo Bartussek), 6 (© S.H.exclusiv), 7 (© foto ARts), 8 l. (© Ruckszio), 8 r. (© haiderose), 10 (© Ruckszio), 11 (© Ruckszio), 12 (© Annett Seidler), 13 (© Christian Schwier), 14 o. l. (© imageBROKER), 14 o. r. (© Rostichep), 14 u. (© bavarius98), 15 o. l. (© KPixMining), 15 o. r. (© natalya2015), 15 u. (© alesikka), 16 (© FRÜH), 17 (© franky10), 18 o. l. (© tansol), 18 o. r. (© ClaraNila), 18 u. (© noppharat), 19 o. l. (© Maryna), 19 o. r. (© paulst15), 19 u. (© bennytrapp), 20 (© Daniel Prudek), 21 l. (© mirkograul), 21 r. (© Eileen Kumpf), 22 l. (© irottlaender), 22 r. (© Mark), 23 l. (© Geza Farkas), 23 r. (© Robert Mertl), 24 l. (© irottlaender), 24 r. (© Michael Meijer), 25 l. (© Björn Wylezich), 25 r. (© Michael Meijer), 26/27 (© K. Thalhofer), 28 (© PMDesign), 29 (© eag1e), 30 (© leospek), 31 (© bnorbert3), 32 (© fibonaccci), 33 (© crystalseye), 34 (© Karl Heinz Rangs), 35 (© lantapix), 36 (© dk-fotowelt), 37 (© makow), 38 (© simona), 39 (© mch67), 40 (© NOXNOX), 41 (© mm_201), 42 (© JuriAlexander), 43 (© Charlie Hambsch), 44 (© ChrWeiss), 45 (© M. Schuppich), 46 (© carinthian), 47 (© Ruckszio), 48 (© Tom), 49 (© Gerisch), 50 (© Mickis Fotowelt), 51 (© Evdoha), 52 (© alicja neumiler), 53 (© Elisabeth), 54 (© Zeitgugga6897), 55 (© M. Schuppich), 56 (© hassan bensliman), 57 (© etfoto), 58 (© DGC), 59 (© M. Schuppich), 60 (© Pavla Zakova), 61 (© Robert Leßmann), 62 (© tom), 63 (© HansPeterK), 64 (© Carmen Hauser), 65 (© kosolovskyy), 66 (© Schmutzler-Schaub), 67 (© Fotolyse), 68 (© Iva), 69 (© Nicolette Wollentin), 70 (© imageBROKER), 71 (© Konstantinos), 72 (© PhotoSG), 73 (© argenlant), 74 (© M. Schuppich), 75 (© yongkiet), 76 (© PIXATERRA), 77 (© carmenrieb), Bienen-Illustration (© imdproduction)